JN131441

大学1年生もバッチリ分かる

A Gentle Introduction to Linear Algebra

小倉 且也
Ogura Katsuya

プレアデス出版

はじめに

線形代数はスゴイ数学です！例えば、ウェブ検索や、画像処理、機械学習の基本的な仕組みには、線形代数の理論が生み出した技術が含まれています。線形代数の理解は、これらの最先端の技術を知るための第一歩でもあります。

一方、線形代数は開始早々に**行列**というよく分からないものが登場し、中盤には**線形空間**という抽象的な概念が立ちはだかるなど、ちょっぴり難しい一面もあります。そのような科目なので、自習をしたり授業を聞いている中でワケが分からなくことが多々あります。

$$\begin{pmatrix} 2 & 1 \\ 3 & 1 \end{pmatrix} \times \begin{pmatrix} 2 & 3 \\ 1 & 2 \end{pmatrix}$$

ってどう計算するの？

「多項式もベクトル」って
どういうこと？

こうした悩みに応えるために本書ができました。

「大学1年生もバッチリ分かる線形代数入門」は、
初学者のあなたが線形代数のポイントを
バッチリ理解できるようにまとめた入門書です！

本書のポイント

やさしい | 個々の理論の厳密な説明よりも、線形代数の大まかな流れをザックリ解説することを優先しました。

見やすい | 難しい理論もデザインの力で分かりやすく！積極的に図解を加え、全体の見た目にもこだわりました。

読みやすい | 文章構成を明快にして、誰でも分かる簡単な言い回しを徹底しました。

本書が線形代数の基本の理解に役立ち、より高度な専門書を使った勉強への足がかりになれば幸いです。

2021年5月　小倉 且也

本書の補足や発展的内容の説明は、「おぐえもん.com」にて随時追加します。

https://oguemon.com

Contents

01

基本編

線形代数の議論を進めるにあたってまず必要なのは、行列の基本的な概念の理解です。ここでは、そもそも線形代数とは何かというところからスタートして、行列の定義や演算ルール、行列がもつ基本的な性質を取り上げていきます。

01

基本編

線形代数って何？

［線形代数は、連立方程式を効率的に記述できる手法として行列が発明されたのが始まりです。線形代数に欠かせない行列の概念や、行列と連立方程式の関係性、線形代数の応用例などを簡単に紹介します。］

線形代数って何？

初めて線形代数に触れる人は、そもそも「線形代数って何？」が何か分からないと思います。Wikipediaには、線形代数とは**線形空間と線形変換を中心とした理論を研究する代数学の一分野である**と書かれてますが、そう言われても初めて学習する人にはピンと来ないでしょう。

線形代数の大きなテーマの一つに、**行列というものを操作してその性質を明らかにする**ことがあります。学びはじめの今は、**線形代数＝行列をひたすらイジる分野**いう認識ぐらいで大丈夫です。

行列って何？

「行列のできるラーメン屋」のように、行列という言葉は日常でもよく使いますが、数学ではその意味が大きく変わります。数学における行列は、ざっくり**数字を四角に並べたもの**を指します。例えば次のようなものです。

$$\begin{pmatrix} 1 & 4 & 0 \\ 2 & 3 & 8 \\ 7 & 5 & 4 \end{pmatrix}$$

カッコの中にたくさんの数字が縦横に並んでいますが、これで1つの行列です。行列には、足し算や掛け算などの演算ルールが独自に用意されています。線形代数は、行列という「数字の並び」に対してこれらの演算を繰り返すことで、行列が持つ性質を探ります。今まで扱ってきた「2」「5」のような数（**スカラー**といいます）とは少し違った世界がそこには広がっています。

$$5$$

スカラー

いわゆる「普通の数」

$$\begin{pmatrix} 2 & 3 \\ 5 & 1 \end{pmatrix}$$

行列

数などを縦横に並べたもの

何に役立つの？

理系の学生の多くは、線形代数という今まで聞いたことすらない学問を突然習うことになります。この理由は、線形代数の理論が幅広い学問や技術で応用されていて、世の中で非常に役立っているからです。

例えば、線形代数は、次の場面で活用されています。

- 画像処理・三次元データ処理（対象物の回転や拡大・縮小など）
- Google のサイト評価システム（PageRank といわれる技術）
- 統計学
- 量子力学

他にも数多くの場面で線形代数が活用されています。線形代数の理論を使わなければ、この世の便利なものの多くが無くなると言っても過言でありません。

連立方程式との関連

行列は**連立方程式**と深く関わっています。なぜなら、行列は**連立方程式を簡単に書くために生み出された**経緯を持つからです。

$$\begin{cases} 2x + 4y = 7 \\ x + 3y = 6 \end{cases}$$

例えば、上の連立方程式は行列を使って次のように表すことができます。

$$\begin{pmatrix} 2 & 4 \\ 1 & 3 \end{pmatrix} \begin{pmatrix} x \\ y \end{pmatrix} = \begin{pmatrix} 7 \\ 6 \end{pmatrix}$$

計算の方法は後で説明するのでここでは割愛します。ここでは連立方程式の係数（x や y に掛けられている値）が行列になるんだということを押さえていただきたいです。これだけでも、これから習う内容を理解しやすくなります。これに加えて、行列を使った方程式を解くことは、連立方程式を解くこととほぼ同じだということも覚えておきましょう。

さらに、ここで主に扱う連立方程式は、x や y などの変数が**常に 1 次である**（累乗していない）ことにも注目です。1 次式が持つ比例関係のような関係性を**線形性**といいます。線形性のあるものを議論の対象としていることが、**線形**代数たるゆえんの 1 つです。

02

\# 基本編

行列の定義と用語

［ 線形代数と不可分な関係にある行列は、高校までの数学に出てこなかった全くもって新しい存在。そこで、まずは行列に関する基本的な定義や用語を扱います。ここで扱う言葉は何度も出るのでしっかり覚えましょう！ ］

行列

行列とは、記号や実数・複素数などの要素を、縦横の方向に並べたものです。

$$\begin{pmatrix} 1 & 4 & 0 \\ 2 & 3 & 8 \\ 7 & 5 & 4 \end{pmatrix} \qquad \begin{pmatrix} -4 & 4.3 \\ -1 & 3.5 \\ 5.7 & 12 \end{pmatrix} \qquad \begin{bmatrix} 120 & 423 \\ 334 & 102 \end{bmatrix} \qquad \begin{bmatrix} 1 & 2-i \\ -2+3i & -i \end{bmatrix}$$

数の並びは大きいカッコで括ります。囲う記号には（丸カッコ）と［角カッコ］の二流派がありますが、どちらでも構いません。

行と列

数字の横の並びを**行**、縦の並びを**列**といいます。日常生活と違って行と列には厳密かつ重要な使い分けがされています。

行の数が m で、列の数が n の行列を m **行** n **列の行列**または $m \times n$ **行列**といいます。「行の数」は、シンプルに行数（縦の数字の数）を表します。行を構成する数字の数（横の数）ではないですよ！

成分

行列を構成する要素の１つ１つを**成分**といいます。成分は、左上からの位置を座標のように用いて表現します。上から i 番目（ i 行目）かつ左から j 番目（ j 列目）の要素を i **行** j **列成分**または (i, j) **成分**といいます。

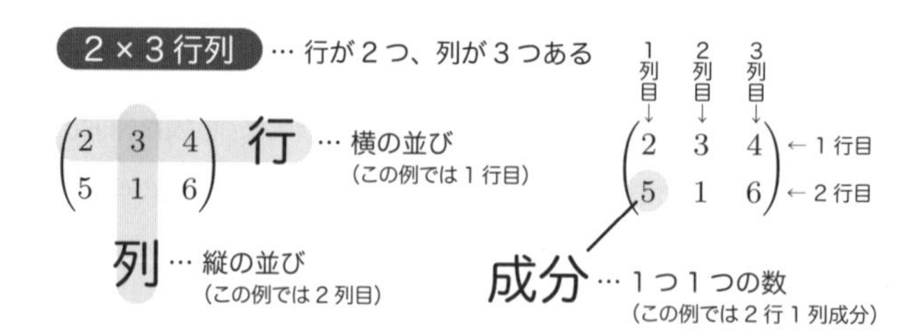

行列と記号

行列は、次式の左辺のように大文字のアルファベットで表します。

$$A = \begin{pmatrix} 1 & 4 & 0 \\ 2 & 3 & 8 \\ 7 & 5 & 4 \end{pmatrix}$$

中身の値などを具体的に定めない、抽象的な行列は次のように表されることもあります。

$$A = \begin{pmatrix} a_{11} & a_{12} & a_{13} \\ a_{21} & a_{22} & a_{23} \\ a_{31} & a_{32} & a_{33} \end{pmatrix}$$

i 行 j 列成分を、添え字を使って「a_{ij}」と表すのも基本です！

$$a_{(\text{上から } i \text{ 番目})(\text{左から } j \text{ 番目})}$$

下の例を考えると、「$a_{23} = 8$」のように表現できます。

$$A = \begin{pmatrix} a_{11} & a_{12} & a_{13} \\ a_{21} & a_{22} & a_{23} \\ a_{31} & a_{32} & a_{33} \end{pmatrix} = \begin{pmatrix} 1 & 4 & 0 \\ 2 & 3 & 8 \\ 7 & 5 & 4 \end{pmatrix}$$

行列が持つ行数や列数までも具体的に定めない、抽象性を極めた行列は次のように表されます。

$$A = (a_{ij})$$

このとき、（丸括弧）を使うと、行列なのか他のものなのか区別しにくくなるので、こういった場合はあえて［角カッコ］を用いるのも手です。

$$A = [a_{ij}]$$

ちなみに、上の式が持つ情報は、

- 行列 A というのがあってだな…
- 行列 A を構成する i 行 j 列成分を、記号 a を用いて「a_{ij}」という形で表現するのじゃ…

の 2 つほどしかありません。

行ベクトルと列ベクトル

1行しかない行列を**行ベクトル**、1列しかない行列を**列ベクトル**といいます。そして、行ベクトルと列ベクトルを**ベクトル**と総称します。

$$\begin{pmatrix} a_{11} & a_{12} & a_{13} \end{pmatrix} \qquad \begin{pmatrix} a_{11} \\ a_{21} \\ a_{31} \end{pmatrix}$$

行ベクトル　　　　列ベクトル

線形代数の世界におけるベクトルは、行か列のどちらかが1つしかない数の並びを指します。シンプルに「方向と長さ」を表していた高校数学と違って、ベクトルが表現するものは必ずしも方向と長さに限りません。

また、ベクトルは基本的に**太字**で表します。

$$\boldsymbol{a} = \begin{pmatrix} 2 & 3 & 1 \end{pmatrix}$$

高校まで主流だった、文字の頭上に矢印を置く記法（ $\vec{a}$ ）は線形代数においてはあまり使われません。

行列同士が等しいとき

今後、行列は今まで扱ってきた**スカラー**と同じく、足し算などの演算の材料に使われます。その前段階として、**等しい 2 つの行列とはどんなものか**ということを押さえておきましょう。

行列同士が等しい条件

2 つの行列 $A=[a_{ij}], B=[b_{ij}]$ がある時、「$A=B$」といえるのは、以下に掲げる 2 条件を共に満たす時である。

1. 行列の列数と行数が一致する。
2. 対応する成分の要素が全て同じ（$a_{ij}=b_{ij}$）

例えば、次の 3 つの行列は、$A=B$ こそ成り立ちますが、$A=C$ は成り立ちません。

$$A=\begin{pmatrix}4&1&1\\3&6&9\\5&3&2\end{pmatrix},\quad B=\begin{pmatrix}4&1&1\\3&6&9\\5&3&2\end{pmatrix},\quad C=\begin{pmatrix}4&1\\3&6\\5&3\end{pmatrix}$$

なぜなら、A と C は行列のサイズ（ここでは列数）が異なるからです。

色々な行列

行列の中には、その形や性質に応じて特別な名前が付けられているものがあります。これらはどれも行列の性質を明かす上で重要な役割を果たします。これからどんどん登場するので、ここでざっと紹介します。

零行列

全ての成分が0の行列です。行数・列数がなんだろうが、全ての成分が0なら**零行列**といいます。基本的にOという記号を用います。

$$O = \begin{pmatrix} 0 & \dots & 0 \\ \vdots & \ddots & \vdots \\ 0 & \dots & 0 \end{pmatrix}$$

行列内に書かれているドット達は「同じのがずっと続く」くらいに思ってもらえれば結構です（要は全部0です）。

正方行列

行の数と列の数が同じ行列です。簡単に言えば正方形の行列です。

$$A = \begin{pmatrix} 4 & 1 & 1 \\ 3 & 6 & 9 \\ 5 & 3 & 2 \end{pmatrix} \qquad B = \begin{pmatrix} 6 & 3 \\ 7 & 4 \end{pmatrix}$$

行（or 列）の数がn個だと、**n次の正方行列**といいます。上の例だと、Aは3次の正方行列、Bは2次の正方行列です。

行と列の数が同じだと議論の展開が簡単なので、今後出てくる行列のほとんどが正方行列です。

単位行列

正方行列の中でも、対角線上にある i 行 i 列成分（**対角成分**といいます）が全て 1 で、それ以外の成分が全て 0 の行列を**単位行列**といいます。

$$A=\begin{pmatrix}1&0&0\\0&1&0\\0&0&1\end{pmatrix}\qquad B=\begin{pmatrix}1&0\\0&1\end{pmatrix}$$

上の例では A ，B で表していますが、**単位行列は E や I で表すのが普通**です。今後、行列同士の掛け算について学習しますが、単位行列はどんな行列と掛け算をしても、その答えが掛けた行列になる（ $AE=A$ ）性質を持ちます。スカラーでいう「1」みたいなポジションに立つ行列です。

転置行列

ある行列の行と列を入れ替えた行列のことです。要は対角成分を境にクルリと反転させた行列です。行と列を入れ替える操作そのものを単に**転置**といいます。n 行 m 列の行列を転置すると、得られる転置行列は m 行 n 列になります。

$$A=\begin{pmatrix}4&1&1\\3&6&9\\5&3&2\\7&3&1\end{pmatrix}\quad\Rightarrow\quad {}^tA=\begin{pmatrix}4&3&5&7\\1&6&3&3\\1&9&2&1\end{pmatrix}$$

元の行列　　　　**転置行列**

当たり前のように書きましたが、A の転置行列を表す時は、${}^tA$ という風に、記号の左上に t を付けます。

04

\# 基本編

行列の演算

[行列は、今まで扱ってきた数（スカラーといいます）と同じように計算できますが、そのルールや性質が少し異なります。今までとの違いに注意しながら学習しましょう！]

足し算・引き算

行列の足し算は、行列 A, B に対して $A+B$ と書きます。**対応する成分を足し合わせるだけでOK**です。

$$\begin{pmatrix} 3 & 7 \\ 6 & -4 \end{pmatrix} + \begin{pmatrix} 0 & 3 \\ 4 & -4 \end{pmatrix} = \begin{pmatrix} 3+0 & 7+3 \\ 6+4 & -4+(-4) \end{pmatrix}$$
$$= \begin{pmatrix} 3 & 10 \\ 10 & -8 \end{pmatrix}$$

抽象的に表すと、こんな感じ。

行列の和

$A = [a_{ij}], B = [b_{ij}]$ のとき、

$$A + B = [a_{ij} + b_{ij}]$$

引き算（行列の差）の場合は、プラスをマイナスに置き換えてください。

対応する成分同士を計算するので、**行列の縦横の数が合っていないもの同士は加算・減算できません**。なんでも足し引きできたスカラーとは大きく異なる特徴です。

スカラー倍

行列に対して、スカラーで掛け算することを**スカラー倍**と言います。行列を A 、スカラーを λ とすると、スカラー倍は λA と書きます。計算方法は簡単で、全ての成分にスカラーを掛けます。**どんな形の行列でもスカラー倍できます。**

$$
4 \times \begin{pmatrix} 2 & 3 \\ 5 & -2 \\ 12 & 8 \end{pmatrix} = \begin{pmatrix} 4 \times 2 & 4 \times 3 \\ 4 \times 5 & 4 \times (-2) \\ 4 \times 12 & 4 \times 8 \end{pmatrix}
$$

$$
= \begin{pmatrix} 8 & 12 \\ 20 & -8 \\ 48 & 32 \end{pmatrix}
$$

抽象的に表すと、こんな感じ。

行列のスカラー倍

$A = [a_{ij}]$ のとき、

$$
\lambda A = [\lambda a_{ij}]
$$

割り算をしたければ、割りたい数の逆数（ a なら $\frac{1}{a}$ ）を掛けましょう。

行列同士の掛け算

行列初心者にとっての最初の壁です。行列同士の掛け算はルールが複雑で、慣れるまでに時間がかかります。しかし、これを覚えないと話が進まないので頑張って覚えてください！

掛け算のルール

まず、掛け合わせてできた積は、行列 A, B に対して AB と表記します。ルールは簡単に言えば次の通り。

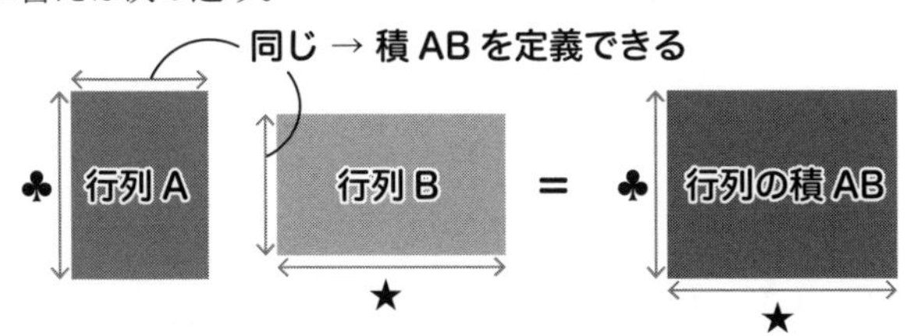

- 「行列 A の**列数**＝行列 B の**行数**」じゃないと掛け算できない（積 AB は定義できない）。
- 積 AB は、行列 A と同じ**行数**で、行列 B と同じ**列数**の行列となる。
- 積 AB の i 行 j 列成分は、行列 A の i **行**の成分と、行列 B の j **列**の成分を順に掛けて足したもの。

抽象的に表すと、こんな感じになります。

行列の積

m 行 r 列行列の $A=[a_{ij}]$ と、r 行 n 列行列の $B=[b_{ij}]$ について、

m 行 n 列行列の積 AB を定義することができて、下式の通りとなる。

$$AB=[\sum_{k=1}^{r} a_{ik}b_{kj}]$$

これだけだと絶対に意味が分からないので、ひとまず例を示します。次の A と B に対して、積 AB を計算します。

$$A=\begin{pmatrix} 2 & 3 & 4 \\ 5 & -2 & 3 \end{pmatrix}, \qquad B=\begin{pmatrix} 6 & 1 & 3 \\ -3 & 0 & 1 \\ 5 & 8 & 5 \end{pmatrix}$$

まず、次のことがわかります。

A の列数は 3 で、B の行数も 3

A の列数と B の行数が一致するので、積 AB を求めることができます。

A の行数は 2 で、B の列数は 3

よって、積 AB は、2 行 3 列の行列となります。

ここで、一例として AB の **2 行 3 列成分**を求めます。A の **2 行**成分と、B の **3 列**成分を使って、次の図のように求めます。

$$B=\begin{pmatrix} 6 & 1 & 3 \,\bullet \\ -3 & 0 & 1 \,\blacktriangle \\ 5 & 8 & 5 \,\blacksquare \end{pmatrix}$$

$$A=\begin{pmatrix} 2 & 3 & 4 \\ 5 & -2 & 3 \end{pmatrix} \quad \begin{pmatrix} \text{積}AB & \\ & \boxed{?} \end{pmatrix}$$

○ △ □

2 行 3 列成分

$$5\times 3+(-2)\times 1+3\times 5=28$$

○ ● △ ▲ □ ■

このようにして、2 行 3 列成分の値が 28 であることが分かりました。

他の全ての成分に対して、同様の計算を繰り返します。最終的に積 AB を次のように導けます。

$$AB = \begin{pmatrix} 23 & 34 & 29 \\ 51 & 29 & 28 \end{pmatrix}$$

計算がものすごく大変ですよね？しかしこういうものです。この計算量には現代のコンピューターも悩んでいます。

積の計算は「覚えるより慣れろ」です。とにかく多くの問題を解きましょう！

AB ≠ BA？

スカラーでは、引き算の順序入れ替えこそご法度（$5-2 \neq 2-5$）でしたが、掛け算の入れ替えはOKでした（$5 \times 2 = 2 \times 5$）。しかし、行列では**掛け算の順序を入れ替えると答えが変わることがある**点に注意が必要です。

例を挙げます。

$$A = \begin{pmatrix} 2 & 1 \\ 1 & 3 \end{pmatrix}, B = \begin{pmatrix} 2 & 3 \\ 1 & 2 \end{pmatrix}$$

この2行列について AB と BA を求めました。

$$AB = \begin{pmatrix} 5 & 8 \\ 5 & 9 \end{pmatrix}, \qquad BA = \begin{pmatrix} 7 & 11 \\ 4 & 7 \end{pmatrix}$$

このように全く異なる結果が導かれます。

掛け合わせる2行列を入れ替えると、答えが変わるどころか、そもそも答えが定義されなくなる場合すらあります。したがって、**掛け算を扱う時は、掛け合わせる順番（左右のどちらから掛け合わせるのか）を常に意識しましょう**。

なんでこんな面倒な方法なの？

2ページの「線形代数って何？」で行列と連立方程式の関連について軽く触れたのを思い出してください。

$$\begin{cases} 2x + 4y = 7 \\ x + 3y = 6 \end{cases}$$

上の連立方程式は、行列を使って次のように表されると述べました。

$$\begin{pmatrix} 2 & 4 \\ 1 & 3 \end{pmatrix} \begin{pmatrix} x \\ y \end{pmatrix} = \begin{pmatrix} 7 \\ 6 \end{pmatrix}$$

この式を、行列同士の積のルールに基づいて計算してみてください。多分こんな感じになります。

$$\begin{pmatrix} 2x+4y \\ x+3y \end{pmatrix} = \begin{pmatrix} 7 \\ 6 \end{pmatrix}$$

元の連立方程式と同じような式に戻りました。

こうして見ると、行列の積は、**連立方程式の係数と変数を上手く分離できるように定義されている**ように思えます。

このような積の定義のおかげで、係数と変数を「行列同士の積」という形でまとめて分離できるわけです。このありがたさを今後学習を進めるうちに実感できることと思います。

行列同士の冪乗（べき乗）

同じ行列を何個も次々と掛け合わせたものを、その個数に応じて A^n という風に記します。例えば、 $A^1 = A$ 、 $A^3 = AAA$ 、 $A^6 = AAAAAA$ です。

行列の冪乗

$$A^n = \underbrace{AA\cdots A}_{n\ 個}$$

ただし、 $A^0 = E$ とする。

ここで掛け算のルールを思い出しましょう。

行列の積 AB が求められるのは、行列 A の列数と、行列 B の行数が等しいときのみでした。つまり、積 $A^2 = AA$ を求められるのは、行列 A の行数と列数が同じときで、それはすなわち A **が正方行列の時に限られます**。

ちなみに積 A^2 は A と同じサイズなので、 $A^3 = A^2A$ 、 $A^4 = A^3A$ 、... は必ず求めることができ、また同じサイズです。

行列同士の割り算は？

行列には割り算がありません。しかし、代わりに**逆行列**というものを掛けることで、行列で割ったような効果をもたらすことができます。逆行列については後で解説します。

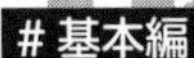

正則行列と逆行列

［ 高校数学では、ある数（スカラー）a に対して a^{-1} を逆数といい、これをある数に掛け合わせることで、割り算と同等の効果をもたらせることを学びました。実は、行列についても、乗算をすると割り算をしたみたいになる「逆行列」という行列があります。 ］

正則行列や逆行列は、正方行列（行数と列数が同じ行列）について適用される話です。つまり、ここでは長方形の行列を考えません。

正則

ある正方行列に別の正方行列を掛け合わせると単位行列 E になる場合を考えます。

正則行列

n 次正方行列 A について、

$$AB = BA = E$$

となる n 次正方行列 B が存在するとき、A は**正則行列**という。

例えば、

$$\begin{pmatrix} 3 & 5 \\ 4 & 7 \end{pmatrix}\begin{pmatrix} 7 & -5 \\ -4 & 3 \end{pmatrix} = \begin{pmatrix} 1 & 0 \\ 0 & 1 \end{pmatrix}$$
$$\begin{pmatrix} 7 & -5 \\ -4 & 3 \end{pmatrix}\begin{pmatrix} 3 & 5 \\ 4 & 7 \end{pmatrix} = \begin{pmatrix} 1 & 0 \\ 0 & 1 \end{pmatrix}$$

なので、$\begin{pmatrix} 3 & 5 \\ 4 & 7 \end{pmatrix}$ は正則行列といえます。もちろん、視点を変えると、掛け合わせた相方もまた正則行列です。

わざわざ「正則行列」なんて言葉が用意されていることから察せるように、正方行列は必ずしも正則行列ではありません。

例えば、

$$\begin{pmatrix} 4 & -6 \\ -2 & 3 \end{pmatrix}$$

はどうあがいても正則ではありません（掛けて E になる行列を頑張って探しても、その努力が実らないことが分かります)。正方行列が正則行列であるための条件は後で扱います。

逆行列

正則行列に掛け合わせると E になる行列のことです。要は正則行列の相方です。

逆行列

n 次の正則行列 A について、

$$AB = BA = E$$

となる n 次正方行列 B を**逆行列**といい、 A^{-1} で表す。

ちなみに、逆行列は正則行列 1 つにつき、1 つしかありません。

逆行列はいつも一つ！

n 次の正則行列 A に対して、複数の逆行列が存在すると仮定し、その中の 2 つを B, B' とする。

この時、 $AB = BA = E$ と $AB' = B'A = E$ が同時に成り立つ。

$$B' = B'E = B'(AB) = (B'A)B = EB = B$$

というわけで、 B 以外の逆行列として挙げた行列は結局 B と同じものなので、逆行列は B しかない。

逆行列は、行列を E にする強い存在で、非常に重要な行列です。逆行列の求め方は後で扱います。

逆行列の性質

逆行列はいくつかの性質を持ちます。

まず、カッコを外すと、掛け算の順番が入れ替わります。

A と B が n 次の正則行列ならば、 AB も正則で、

$$(AB)^{-1} = B^{-1}A^{-1}$$

実際に AB との掛け算を試みると、内側から次々と E が錬成されて消えていくのがわかります。

右から掛けてみる

$$(AB)(B^{-1}A^{-1}) = A(BB^{-1})A^{-1} = AA^{-1} = E$$

左から掛けてみる

$$(B^{-1}A^{-1})(AB) = B^{-1}(A^{-1}A)B = B^{-1}B = E$$

そして、次の性質も持ちます。

A^{-1} の逆行列 $(A^{-1})^{-1}$ は A

これはもはや視点を変えただけの話です。つまり、正則行列の逆行列もまた正則行列だし、その逆行列はもとの正則行列ということです。

あえて式を書くなら

$$A^{-1}A = E$$

$$AA^{-1} = E$$

より、 A^{-1} の左右どちらから A を掛けても単位行列になるので、 A は A^{-1} の逆行列といえます。

06

基本編

注意すべき行列の性質

ここまでで、行列が今まで扱ってきた数（スカラー）と大きく異なる存在であることが分かったことと思います。しかし、行列特有の注意すべき特徴・性質がまだまだたくさんありますので、今回は、そんな性質をいくつか挙げます。

スカラーと同じ性質

まずは、今まで扱ってきた数（スカラー）と同じ性質です。当たり前に感じる人にとっては当たり前な話。

交換法則

和については、入れ替えても答えは変わりません。

$$A + B = B + A$$

結合法則

3つの行列に和 or 積を計算するとき、その順番に関わらず答えは同じです。

$$(A + B) + C = A + (B + C)$$
$$(AB)C = A(BC)$$

前回の記事で足し算や掛け算の定義を扱いましたが、あれはあくまで**2つの行列の計算が前提**です。3つ以上の行列の計算は、2行列の計算の繰り返しですので、計算する順番によらず答えが同じであるかはかなり重要です。

特に、掛け算ってあんなに複雑な計算方法なのに、掛け合わせる順番によらず答えが変わらないなんてすごいですね。

分配法則

和と積の間に次の関係があります。

和と積の演算について

$$A(B+C)=AB+AC$$
$$(A+B)C=AC+BC$$

スカラー倍の演算について

$$(\lambda+\mu)A=\lambda A+\mu A$$
$$\lambda(A+B)=\lambda A+\lambda B$$

指数法則

行列の冪乗では指数法則が成り立ちます。ただし $A^{-k}=(A^{-1})^k$ とします。

n と m が共に整数であるとき、

$$A^nA^m=A^{n+m}$$
$$(A^n)^m=A^{nm}$$

単位行列について

単位行列は、積の計算において「1」のような役割を果たします。これは、単位行列が次の性質を持つからです。

AE と EA を定義することができるとき、

$$EA=AE=A$$

単位行列は、ある行列に対して左から掛けようが右から掛けようが、答えに変化をもたらしません。

零行列について

零行列は、和の計算において「0」のような役割を果たします。

O が A と同じ行数・列数を持つとき、

$$A+O=A$$

零行列は、ある行列に加えても答えに変化をもたらしません。

スカラーと大きく異なる性質

積の順序

10 ページの「行列の演算」でも書きましたが、積について交換法則は必ずしも成り立ちません！

行列 A と B について、次式は必ずしも成立しない。

$$AB = BA$$

もう一度例を示します。

$$\begin{pmatrix} 1 & 0 \\ 1 & 1 \end{pmatrix}\begin{pmatrix} 1 & 1 \\ 0 & 1 \end{pmatrix} = \begin{pmatrix} 1 & 1 \\ 1 & 2 \end{pmatrix}$$

$$\begin{pmatrix} 1 & 1 \\ 0 & 1 \end{pmatrix}\begin{pmatrix} 1 & 0 \\ 1 & 1 \end{pmatrix} = \begin{pmatrix} 2 & 1 \\ 1 & 1 \end{pmatrix}$$

掛け算の順序について細心の注意を払いましょう！

「零因子」の存在

今まで扱ってきた数（スカラー）では、「$xy = 0$」ならば x と y のどちらか一方が 0 でした。しかし行列の場合、必ずしもこのようになりません。

零因子

$A \neq O$ かつ $B \neq O$ で、次式が成り立つ A, B が存在する。

$$AB = O$$

そのような A, B を**零因子**という。

積が零行列でも、掛け合わせている 2 行列が零行列でない例はよくあります。

$$\begin{pmatrix} 2 & -5 \\ -4 & 10 \end{pmatrix}\begin{pmatrix} 5 & 10 \\ 2 & 4 \end{pmatrix} = \begin{pmatrix} 0 & 0 \\ 0 & 0 \end{pmatrix}$$

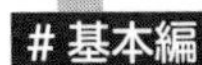

行列のブロック分割

さて、行列の話で忘れてはならないのは、行列は 2×2 行列や 3×3 行列のようなミニサイズのものばかりでなく、その何回りも大きなサイズについても考える必要があることです。大きな行列を小分けにするテクニック「ブロック分割」を解説します。

今まで、行列の例として見せてきたものは 2、3 行の小さな規模のものでした。しかし、もっと大規模なものを使うことも多々あります。

$$A=\begin{pmatrix} a_{11} & a_{12} & a_{13} & a_{14} & a_{15} & \cdots & a_{1n} \\ a_{21} & a_{22} & a_{23} & a_{24} & a_{25} & \cdots & a_{2n} \\ a_{31} & a_{32} & a_{33} & a_{34} & a_{35} & \cdots & a_{3n} \\ a_{41} & a_{42} & a_{43} & a_{44} & a_{45} & \cdots & a_{4n} \\ a_{51} & a_{52} & a_{53} & a_{54} & a_{55} & \cdots & a_{5n} \\ a_{61} & a_{62} & a_{63} & a_{64} & a_{65} & \cdots & a_{6n} \\ \vdots & \vdots & \vdots & \vdots & \vdots & \ddots & \vdots \\ a_{m1} & a_{m2} & a_{m3} & a_{m4} & a_{m5} & \cdots & a_{mn} \end{pmatrix}$$

大きな行列も含めた行列の一般的な性質を考える上で、**行列を縦横で切って何個かの部分に分割**すると、色々はかどる場合があります。

ブロック分割って何？

まずは例を示しましょう。次の 5 × 5 行列

$$\begin{pmatrix} a_{11} & a_{12} & a_{13} & a_{14} & a_{15} \\ a_{21} & a_{22} & a_{23} & a_{24} & a_{25} \\ a_{31} & a_{32} & a_{33} & a_{34} & a_{35} \\ a_{41} & a_{42} & a_{43} & a_{44} & a_{45} \\ a_{51} & a_{52} & a_{53} & a_{54} & a_{55} \end{pmatrix}$$

に対して、下図のようにカットすると、4 つのパーツが生まれます。

CUT

$$\left(\begin{array}{ccc|cc} a_{11} & a_{12} & a_{13} & a_{14} & a_{15} \\ a_{21} & a_{22} & a_{23} & a_{24} & a_{25} \\ a_{31} & a_{32} & a_{33} & a_{34} & a_{35} \\ a_{41} & a_{42} & a_{43} & a_{44} & a_{45} \\ \hline a_{51} & a_{52} & a_{53} & a_{54} & a_{55} \end{array}\right)$$

CUT

$$A_{11}=\begin{pmatrix} a_{11} & a_{12} & a_{13} \\ a_{21} & a_{22} & a_{23} \\ a_{31} & a_{32} & a_{33} \\ a_{41} & a_{42} & a_{43} \end{pmatrix} \quad A_{12}=\begin{pmatrix} a_{14} & a_{15} \\ a_{24} & a_{25} \\ a_{34} & a_{35} \\ a_{44} & a_{45} \end{pmatrix}$$

$$A_{21}=\begin{pmatrix} a_{51} & a_{52} & a_{53} \end{pmatrix} \quad A_{22}=\begin{pmatrix} a_{54} & a_{55} \end{pmatrix}$$

これで、もとの行列は次のように表されます。

$$A = \begin{pmatrix} A_{11} & A_{12} \\ A_{21} & A_{22} \end{pmatrix}$$

このような分割を、**行列 A のブロック分割**といい、また、分割された小さい行列を**小行列**といいます。

縦横のカットが行列を貫いてさえいれば、カットの幅や高さは自由です。

行や列への分割

行列を行ごとや列ごとにカットするシチュエーションが多々あります。こういった分割を、それぞれ**行への分割**、**列への分割**といいます。

行への分割

要素のひとつひとつは行ベクトルで、それが行数分だけ縦に並んでいます。

$$A = \begin{pmatrix} a_{11} & a_{12} & \cdots & a_{1n} \\ a_{21} & a_{22} & \cdots & a_{2n} \\ \vdots & \vdots & \ddots & \vdots \\ a_{m1} & a_{m2} & \cdots & a_{mn} \end{pmatrix} = \begin{pmatrix} \boldsymbol{a_1} \\ \boldsymbol{a_2} \\ \vdots \\ \boldsymbol{a_m} \end{pmatrix}$$

行ベクトル

列への分割

要素のひとつひとつは列ベクトルで、それが列数分だけ横に並んでいます。

$$A = \begin{pmatrix} a_{11} & a_{12} & \cdots & a_{1n} \\ a_{21} & a_{22} & \cdots & a_{2n} \\ \vdots & \vdots & \ddots & \vdots \\ a_{m1} & a_{m2} & \cdots & a_{mn} \end{pmatrix} = \begin{pmatrix} \boldsymbol{b_1} & \boldsymbol{b_2} & \cdots & \boldsymbol{b_m} \end{pmatrix}$$

列ベクトル

ブロック分割の演算

大きな行列を小行列の集まりだと見たときの計算を見てみます。

ブロック分割の和とスカラー倍

2つの大きな行列 A, B があって、両者は行数も列数も同じのみならず、分割の仕方も同じものとします。つまり、対応する小行列 A_{ij} と B_{ij} はサイズ（行数と列数）が一緒でなければなりません。

$$A = \begin{pmatrix} A_{11} & A_{12} & \dots & A_{1n} \\ A_{21} & A_{22} & \dots & A_{2n} \\ \vdots & \vdots & \ddots & \vdots \\ A_{m1} & A_{m2} & \dots & A_{mn} \end{pmatrix}, \qquad B = \begin{pmatrix} B_{11} & B_{12} & \dots & B_{1n} \\ B_{21} & B_{22} & \dots & B_{2n} \\ \vdots & \vdots & \ddots & \vdots \\ B_{m1} & B_{m2} & \dots & B_{mn} \end{pmatrix}$$

行列の和が、対応する成分同士の足し算だったことを踏まえると、和の小行列が2つの小行列の和になるのは明らかです。差についても同様です。

ブロック分割の和

$$A + B = \begin{pmatrix} A_{11} + B_{11} & A_{12} + B_{12} & \dots & A_{1n} + B_{1n} \\ A_{21} + B_{21} & A_{22} + B_{22} & \dots & A_{2n} + B_{2n} \\ \vdots & \vdots & \ddots & \vdots \\ A_{m1} + B_{m1} & A_{m2} + B_{m2} & \dots & A_{mn} + B_{mn} \end{pmatrix}$$

スカラー倍は各成分に掛け合わせるのでした。よって、各小行列にスカラーを掛けた場合と同じことになります。

ブロック分割のスカラー倍

$$\lambda A = \begin{pmatrix} \lambda A_{11} & \lambda A_{12} & \dots & \lambda A_{1n} \\ \lambda A_{21} & \lambda A_{22} & \dots & \lambda A_{2n} \\ \vdots & \vdots & \ddots & \vdots \\ \lambda A_{m1} & \lambda A_{m2} & \dots & \lambda A_{mn} \end{pmatrix}$$

ブロック分割の積

2つの大きな行列 A, B があって、次の3条件を全て満たす必要があります。

$$A = \begin{pmatrix} A_{11} & A_{12} & \dots & A_{1r} \\ A_{21} & A_{22} & \dots & A_{2r} \\ \vdots & \vdots & \ddots & \vdots \\ A_{m1} & A_{m2} & \dots & A_{mr} \end{pmatrix}, \quad B = \begin{pmatrix} B_{11} & B_{12} & \dots & B_{1n} \\ B_{21} & B_{22} & \dots & B_{2n} \\ \vdots & \vdots & \ddots & \vdots \\ B_{r1} & B_{r2} & \dots & B_{rn} \end{pmatrix}$$

- ▶ A の列数と B の行数は同じ
- ▶ A の列ごとの分割数と、B の行ごとの分割数も同じ
- ▶ 小行列 A_{ik} の列数と、小行列 B_{kj} の行数が同じ

要は、これから出てくる式が定義できる（積の条件を満たす）ように条件づくりをしているわけです。

上の条件が整った時、A と B の積はこうなります。

ブロック分割のスカラー倍

$$AB = \begin{pmatrix} C_{11} & C_{12} & \dots & C_{1n} \\ C_{21} & C_{22} & \dots & C_{2n} \\ \vdots & \vdots & \ddots & \vdots \\ C_{m1} & C_{m2} & \dots & C_{mn} \end{pmatrix} \qquad \text{ただし、} C_{ij} = \sum_{v=1}^{r} A_{iv} B_{vj}$$

条件さえ整えば、ブロック分割した大きな行列同士の積は、小行列を成分みたいに扱って積の式を組むことができるのですね。

これによって別に計算量が減るわけではない

注意して欲しいのは、これらの式は**行列を小行列の集まりとみなしたときの計算上の関係を示したもの**に過ぎず、演算結果の成分を求めたいときに、計算量が減るものではありません。

ブロック分割の考え方は、逆行列を求めるときに活用する余因子展開という定理などで使います。

QUESTION

[章末問題]

Q1 次の行列の計算をせよ。

① $2\begin{pmatrix}1 & 0\\2 & 1\end{pmatrix}-3\begin{pmatrix}1 & 3\\2 & 0\end{pmatrix}$　② $\begin{pmatrix}3 & 1\\-2 & 5\end{pmatrix}+\begin{pmatrix}6 & -4\\2 & -1\end{pmatrix}$

Q2 次の行列の計算をせよ。
ただし、定義できない時は「定義なし」と答えること。

① $\begin{pmatrix}1 & -1\\2 & 3\end{pmatrix}\begin{pmatrix}4 & -2\\1 & 3\end{pmatrix}$　② $\begin{pmatrix}3\\2\end{pmatrix}\begin{pmatrix}1 & -2\end{pmatrix}$　③ $\begin{pmatrix}1 & -1\\0 & 2\end{pmatrix}\begin{pmatrix}2\\3\\1\end{pmatrix}$

Q3 次の 2 行列について、積 AB と積 BA を求めよ。
ただし、定義できない時は「定義なし」と答えること。

① $A=\begin{pmatrix}2 & -1 & 3\end{pmatrix}$ と $B=\begin{pmatrix}2\\6\\1\end{pmatrix}$

② $A=\begin{pmatrix}3 & 1\\0 & 2\\-1 & 0\end{pmatrix}$ と $B=\begin{pmatrix}1 & 2\\0 & 1\end{pmatrix}$

Q4 次の行列の 2 乗を求めよ。

① $\begin{pmatrix}6 & 4\\-9 & -6\end{pmatrix}$　② $\begin{pmatrix}2 & -2 & -4\\-1 & 3 & 4\\1 & -2 & -3\end{pmatrix}$

ANSWER

[解答解説]

Q1 次の行列の計算をせよ。

① $2\begin{pmatrix}1 & 0\\2 & 1\end{pmatrix}-3\begin{pmatrix}1 & 3\\2 & 0\end{pmatrix}=\begin{pmatrix}2\times1-3\times1 & 2\times0-3\times3\\2\times2-3\times2 & 2\times1-3\times0\end{pmatrix}=\underline{\begin{pmatrix}-1 & -9\\-2 & 2\end{pmatrix}}$

② $\begin{pmatrix}3 & 1\\-2 & 5\end{pmatrix}+\begin{pmatrix}6 & -4\\2 & -1\end{pmatrix}=\begin{pmatrix}3+6 & 1-4\\-2+2 & 5-1\end{pmatrix}=\underline{\begin{pmatrix}9 & -3\\0 & 4\end{pmatrix}}$

Q2 次の行列の計算をせよ。
ただし、定義できない時は「定義なし」と答えること。

① $\begin{pmatrix}1 & -1\\2 & 3\end{pmatrix}\begin{pmatrix}4 & -2\\1 & 3\end{pmatrix}=\begin{pmatrix}1\times4-1\times1 & 1\times(-2)-1\times3\\2\times4+3\times1 & 2\times(-2)+3\times3\end{pmatrix}=\underline{\begin{pmatrix}3 & -5\\11 & 5\end{pmatrix}}$

② $\begin{pmatrix}3\\2\end{pmatrix}\begin{pmatrix}1 & -2\end{pmatrix}=\begin{pmatrix}3\times1 & 3\times(-2)\\2\times1 & 2\times(-2)\end{pmatrix}=\underline{\begin{pmatrix}3 & -6\\2 & -4\end{pmatrix}}$

③ <u>定義なし</u>　$\begin{pmatrix}1 & -1\\0 & 2\end{pmatrix}\begin{pmatrix}2\\3\\1\end{pmatrix}$

列数と行数が異なるから

Q3 次の 2 行列について、積 AB と積 BA を求めよ。
ただし、定義できない時は「定義なし」と答えること。

① $AB=\begin{pmatrix}2 & -1 & 3\end{pmatrix}\begin{pmatrix}2\\6\\1\end{pmatrix}=\begin{pmatrix}2\times2-1\times6+3\times1\end{pmatrix}=\underline{(1)}$

$BA=\begin{pmatrix}2\\6\\1\end{pmatrix}\begin{pmatrix}2 & -1 & 3\end{pmatrix}=\begin{pmatrix}2\times2 & 2\times(-1) & 2\times3\\6\times2 & 6\times(-1) & 6\times3\\1\times2 & 1\times(-1) & 1\times3\end{pmatrix}=\underline{\begin{pmatrix}4 & -2 & 6\\12 & -6 & 18\\2 & -1 & 3\end{pmatrix}}$

② $AB = \begin{pmatrix} 3 & 1 \\ 0 & 2 \\ -1 & 0 \end{pmatrix} \begin{pmatrix} 1 & 2 \\ 0 & 1 \end{pmatrix} = \begin{pmatrix} 3\times1+1\times0 & 3\times2+1\times1 \\ 0\times1+2\times0 & 0\times2+2\times1 \\ -1\times1+0\times0 & -1\times2+0\times1 \end{pmatrix}$

$$= \begin{pmatrix} 3 & 7 \\ 0 & 2 \\ -1 & -2 \end{pmatrix}$$

BA **は定義なし**

$\begin{pmatrix} 1 & 2 \\ 0 & 1 \end{pmatrix} \begin{pmatrix} 3 & 1 \\ 0 & 2 \\ -1 & 0 \end{pmatrix}$

列数と行数が異なるから

Q4 **次の行列の 2 乗を求めよ。**

① $\begin{pmatrix} 6 & 4 \\ -9 & -6 \end{pmatrix}^2 = \begin{pmatrix} 6\times6+4\times(-9) & 6\times4+4\times(-6) \\ -9\times6-6\times(-9) & -9\times4-6\times(-6) \end{pmatrix}$

$$= \begin{pmatrix} 0 & 0 \\ 0 & 0 \end{pmatrix}$$

このように、n 乗をすると零行列になる行列を
べき零行列【冪乗行列】といいます。

② $\begin{pmatrix} 2 & -2 & -4 \\ -1 & 3 & 4 \\ 1 & -2 & -3 \end{pmatrix}^2$

$$= \begin{pmatrix} 2\times2-2\times(-1)-4\times1 & 2\times(-2)-2\times3-4\times(-2) & 2\times(-4)-2\times4-4\times(-3) \\ -1\times2+3\times(-1)+4\times1 & -1\times(-2)+3\times3+4\times(-2) & -1\times(-4)+3\times4+4\times(-3) \\ 1\times2-2\times(-1)-3\times1 & 1\times(-2)-2\times3-3\times(-2) & 1\times(-4)-2\times4-3\times(-3) \end{pmatrix}$$

$$= \begin{pmatrix} 2 & -2 & -4 \\ -1 & 3 & 4 \\ 1 & -2 & -3 \end{pmatrix}$$

このように、n 乗をしても結果が変わらない行列を
べき等行列【冪等行列】といいます。

02

連立方程式編

基本編で行列のイロハを学習したので、これからは行列との結びつきがある様々なことを学習していきます。まずは、行列の原点ともいえる連立１次方程式について、これを解く方法や、どんな解を持つかを調べる方法を行列を絡めて考えます。

01

#連立方程式編

連立方程式の解法「消去法」

［ 中学校で学習した連立一次方程式、その解法のひとつに式同士の足し引きを通じて式を簡素化していく消去法というものがあります。連立方程式と行列の関係を明かすにあたって消去法は切っても切り離せない存在ですので、ここでその方法を復習します。 ］

解法の鉄板「消去法」

中学校のおさらいです！これ、どうやって解きますか？

$$\begin{cases} 5x - 2y &= 5 \quad (1) \\ x + y &= 8 \quad (2) \end{cases}$$

多分、式の両辺にある数を掛けたり、互いの式を足し合わせたりして、**変数の数を減らしていきます**よね？計算の過程を一緒に追いましょう。

Step. 1　(2) を -5 倍したものを (1) に足します。(つまり 5 倍したものを引く)

$$\begin{cases} 5x - 2y - 5(x + y) &= 5 - 5 \times 8 \quad (1) \\ x + y &= 8 \quad (2) \end{cases}$$

Step. 2　(1) の両辺を $-\frac{1}{7}$ 倍します。(つまり -7 で割る)

$$\begin{cases} -7y \times (-\frac{1}{7}) &= -35 \times (-\frac{1}{7}) \quad (1) \\ x + y &= 8 \quad (2) \end{cases}$$

Step. 3　(1) と (2) で入れ替えます。

$$\begin{cases} x + y &= 8 \quad (1) \\ y &= 5 \quad (2) \end{cases}$$

Step. 4　(1) に $y = 5$ を代入します。

$$\begin{cases} x + 5 &= 8 \quad (1) \\ y &= 5 \quad (2) \end{cases}$$

→ 答えとして「 $x = 3, y = 5$ 」が導かれて終了。

さて、こうやって、

1　ある方程式を何倍かにする
2　ある方程式を何倍かにしたものを他の方程式に加える
3　ある２つの方程式を入れ替える

という３つの地道な操作をひたすら繰り返して、変数を消していきました。このように、上に書いた３つの操作を駆使して連立方程式を簡単にしていく方法を**消去法**といいます。

ここで、**Step.3** の時点で y の値が判明しており、あとは残りの式に変数を代入していくだけという状況になりました。そこで、消去法では **Step.3** のような状況（つまり次式のような状況）を目指します。

$$\begin{cases} x+y &= 8 \\ \quad\;\, y &= 5 \end{cases}$$

Step.3 の式は、下に行くほど変数の個数が少なく、左辺がギザギザの階段状になっているのが特徴です。この特徴は次に登場する階段行列の定義に結びつく重要なものです。

02

連立方程式編

階段行列

［ 連立方程式を消去法で解く時の操作を行列にあてはめます。連立方程式そのものに対応する「拡大係数行列」、消去法の操作に対応する「行基本操作」、連立方程式をある程度簡素化した結果に対応する「階段行列」、そんな階段行列がもつ「階数」という指標を紹介します。］

連立方程式を行列で表す

これからは連立方程式を行列に見立てて計算していきます。前に触れたように、連立方程式は行列とベクトルの積の形に変換できました。

$$\begin{cases} 5x - 2y = 5 \\ x + y = 8 \end{cases} \Rightarrow \begin{pmatrix} 5 & -2 \\ 1 & 1 \end{pmatrix} \begin{pmatrix} x \\ y \end{pmatrix} = \begin{pmatrix} 5 \\ 8 \end{pmatrix}$$

係数行列

ここで、網がけ部を**係数行列**といいます。その名の通り、連立方程式の係数をまとめた行列です。そして、係数行列の右側に定数項をまとめたベクトルをくっつけた次のような行列を**拡大係数行列**といいます。

$$(A\ \boldsymbol{b}) = \begin{pmatrix} 5 & -2 & 5 \\ 1 & 1 & 8 \end{pmatrix}$$

係数行列 ―― A

定数項のベクトル ―― $\boldsymbol{b}$

$(A\ \boldsymbol{b})$ は行列 A とベクトル $\boldsymbol{b}$ を左右にくっつけた行列です。これからは、連立方程式に対応する拡大係数行列を考えることになります。

行基本操作

連立方程式の消去法でそれぞれの式に与えた操作は、拡大係数行列に対して次の３つの操作を与えることに対応します。この操作を**行基本操作**といいます。

行基本操作

操作１　ある行を何倍かにする

操作２　ある行を何倍かにしたものを他の行に加える

操作３　ある２つの行を入れ替える

行基本操作を上手く使って拡大係数行列を簡単な形に変形していきます。

階段行列

行列に対してチマチマと行基本操作を繰り返すと、やがて次のような形をした行列になります。

$$\begin{pmatrix} 1 & 1 & 8 \\ 0 & 1 & 5 \end{pmatrix}$$

これ、30 ページの「連立方程式の解法「消去法」」における **Step.3** に似てますよね？

この行列のポイントは、**行を下るほど、左側にある 0 の個数が多くなり、ギザギザの階段状になっている**点です。（行列のサイズが小さ過ぎてわかりにくいですが…）このような行列を**階段行列**といいます。

階段行列

$$A = \begin{pmatrix} 0 & 0 & 5 & 4 & 9 & 3 & 2 & 3 \\ 0 & 0 & 0 & 0 & 1 & 3 & 4 & 2 \\ 0 & 0 & 0 & 0 & 0 & 3 & 1 & 0 \\ 0 & 0 & 0 & 0 & 0 & 0 & 0 & 3 \\ 0 & 0 & 0 & 0 & 0 & 0 & 0 & 0 \end{pmatrix}$$

まるで階段

行番号が増えるほど左端から連続する 0 の数が増える行列のことを**階段行列**という。ただし、全てが 0 の行が表れたら、それより下の行は全て 0 である。

例えば、先ほど登場した次の行列の階数は 2 です。

$$\begin{pmatrix} 1 & 1 & 8 \\ 0 & 1 & 5 \end{pmatrix}$$

こんな行列はどうでしょうか？

$$A = \begin{pmatrix} 5 & 4 & 9 & 3 & 2 & 3 \\ 0 & 1 & 2 & 4 & 5 & 6 \\ 0 & 1 & 2 & 3 & 1 & 3 \\ 0 & 0 & 0 & 1 & 4 & 3 \end{pmatrix}$$

ここがNG

バカヤロウ！ 2 行目と 3 行目で左から並ぶ 0 の数が被ってるじゃねえか！階段行列であるためには下の行ほど左から続く 0 の個数が多い必要があるので、

これは階段行列ではありません。こんなのは、行基本操作が甘い証拠です。ちょこちょこっといじって…

$$A' = \begin{pmatrix} 5 & 4 & 9 & 3 & 2 & 3 \\ 0 & 1 & 2 & 3 & 1 & 3 \\ 0 & 0 & 0 & 1 & 4 & 3 \\ 0 & 0 & 0 & 0 & 0 & 0 \end{pmatrix}$$

これでOK

これで初めて階段行列となります。

階数（rank）

階段行列に付随して**階数**という指標もあります。

階数 (rank)

階段行列において、0 でない成分が存在する行の数を**階数**といい、 A の階数を $\mathrm{rank}A$ と書く。

ただし、 **A が階段行列でない場合は、 A に対して行基本操作を行って得られた階段行列の階数のことを A の階数（ $\mathrm{rank}A$ ）をいう。**

例えば、先ほど登場した次の行列の階数は 2 です。

$$\begin{pmatrix} 1 & 1 & 8 \\ 0 & 1 & 5 \end{pmatrix}$$

全て 0 でない行が 2 つ

これまた先ほど登場した次の行列の階数は 3 です。

$$A' = \begin{pmatrix} 5 & 4 & 9 & 3 & 2 & 3 \\ 0 & 1 & 2 & 3 & 1 & 3 \\ 0 & 0 & 0 & 1 & 4 & 3 \\ 0 & 0 & 0 & 0 & 0 & 0 \end{pmatrix}$$

全て 0 でない行が 3 つ

全て 0 の行

階段行列は 1 つの行列に対して無数のパターンがあります。ただし、どんなパターンであれ、その階数は全て同じなので、今後の議論に支障はありません。この話は後で扱います。

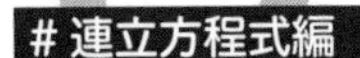

階段行列の作り方

いかなる行列も行基本操作を用いることで階段行列に変形することができます。なぜなら、どの行列にも通用する、階段行列を作るためのアルゴリズム（方法）が存在するからです。今回はその方法を説明します。

階段行列を作る方法

一見難しそうですが、あるルールに従って行基本操作を繰り返せば必ず階段行列が作れます。さっそく作っていきましょう！

次の行列に対して行基本操作を繰り返して階段行列を作ります。

$$A = \begin{pmatrix} a_{11} & a_{12} & \cdots & a_{1n} \\ a_{21} & a_{22} & \cdots & a_{2n} \\ \vdots & \vdots & \ddots & \vdots \\ a_{m1} & a_{m2} & \cdots & a_{mn} \end{pmatrix}$$

念のために行基本操作を再掲します。

行基本操作

操作 1　ある行を何倍かにする

操作 2　ある行を何倍かにしたものを他の行に加える

操作 3　ある 2 つの行を入れ替える

ステップ 1

$a_{11} = 0$ ならば、1 列目にある他の成分の中から 0 でないものを探し、その行と 1 行目をチェンジします。(**操作 3**)

1 列目の成分が全部 0 でどうしようも無いなら、ステップ 3 へ進みます。

ステップ 2

ステップ 1 によって $a_{11} \neq 0$ になったら、

$$(i \text{ 行目}) - (1 \text{ 行目}) \times \frac{1}{a_{11}} a_{i1}$$

を 2 行目から m 行目（最終行）までの全てに対して行いましょう。(**操作 2**)

これをすることで、$a_{21} \sim a_{m1}$ が全て 0 になります。

ステップ 3

ステップ 2 をこなしたら ❶ の形の行列が出来上がり、ステップ 2 を飛ばした

$$\begin{pmatrix} a_{11} & a_{12} & \cdots & a_{1n} \\ 0 & a'_{11} & \cdots & a'_{1(n-1)} \\ \vdots & \vdots & \ddots & \vdots \\ 0 & a'_{(m-1)1} & \cdots & a'_{(m-1)(n-1)} \end{pmatrix}$$

❶ 1列目が左上以外ゼロ

$$\begin{pmatrix} 0 & a_{11} & \cdots & a_{1(n-1)} \\ 0 & a''_{21} & \cdots & a''_{2(n-1)} \\ \vdots & \vdots & \ddots & \vdots \\ 0 & a''_{m1} & \cdots & a''_{m(n-1)} \end{pmatrix}$$

❷ 1列目が全部ゼロ

場合は ❷ のようになります。

❶ ならば、斜線部に対応する次のような部分的な行列を

$$A' = \begin{pmatrix} a'_{11} & \cdots & a'_{1(n-1)} \\ \vdots & \ddots & \vdots \\ a'_{(m-1)1} & \cdots & a'_{(m-1)(n-1)} \end{pmatrix}$$

❷ ならば、斜線部に対応する次のような部分的な行列を

$$A'' = \begin{pmatrix} a_{11} & \cdots & a_{1(n-1)} \\ a''_{21} & \cdots & a''_{2(n-1)} \\ \vdots & \ddots & \vdots \\ a''_{m1} & \cdots & a''_{m(n-1)} \end{pmatrix}$$

について、再びステップ 1 の作業を行います。これを繰り返すことで階段行列が完成します。ちなみに、部分行列より左側は常に 0 なので、行基本操作で部分的な行列をどれだけこねくり回そうが、左側の部分に影響を及ぼしません。

連立方程式から拡大係数行列を作って、それに対して行基本操作を次々に展開することで、階段行列を作る。やっていること自体は、今までの解き方と変わりません。連立方程式を行列に見立てた上で「階数」という概念を導入することで、連立方程式を機械的に解くことができるだけでなく、連立方程式の解の性質などについても考えることができるようになります。

具体例

次のページに掲げる簡単な行列を使って実践しましょう！

$$\begin{pmatrix} 1 & 3 & 2 \\ 0 & 1 & 2 \\ 1 & 1 & 0 \end{pmatrix}$$

ステップ 1

左上の行列が 0 でないか確かめます。今回は 0 でないので**操作 3** は不要です。

ステップ 2

まず、2 行目から、1 行目の $\frac{a_{21}}{a_{11}} = \frac{0}{1} = 0$ 倍を引きます（つまり何も引きません)。次に、3 行目から、1 行目の $\frac{a_{31}}{a_{11}} = \frac{1}{1} = 1$ 倍を引きます。

これらを経ると、行列は次のように変形されます。

$$\begin{pmatrix} 1 & 3 & 2 \\ 0 & 1 & 2 \\ 0 & -2 & -2 \end{pmatrix}$$

見事に 1 列目が左上以外全て 0 になりました。

今度は右下の小行列に着目して同様のことを繰り返します。

$$\begin{pmatrix} 1 & 2 \\ -2 & -2 \end{pmatrix}$$

ステップ 1（2 周目）

左上は 0 でないので**操作 3** は不要です。

ステップ 2（2 周目）

2 行目から、1 行目の $\frac{a_{21}}{a_{11}} = \frac{-2}{1} = -2$ 倍を引きます。

これを経ると、行列は次のように変形されます。

$$\begin{pmatrix} 1 & 2 \\ 0 & 2 \end{pmatrix}$$

小行列が階段行列になりました。よって、1 周目の変形結果と組み合わせて (小行列の変形結果を右下にハメ込む)、次のような階段行列が完成します。

$$\begin{pmatrix} 1 & 3 & 2 \\ 0 & 1 & 2 \\ 0 & 0 & 2 \end{pmatrix}$$

04

連立方程式編

連立方程式の解の条件

［ 連立方程式の解は、「解がない」「解が１組だけある」「解が無数にある」の３パターンに分類できます。それぞれの例を示すとともに、それぞれの条件を階数を用いて表現し、連立方程式の解の条件において階数の値が大きなカギとなることを学びます。 ］

連立方程式が解を持つとき

解を持たない場合の例

連立方程式の多くは解を持ちますが、例えば次の連立方程式は解を持ちません。

$$\begin{cases} 4x-2y+3z &= 5 \quad (1) \\ 2x-2y+4z &= 8 \quad (2) \\ x-y+2z &= 7 \quad (3) \end{cases}$$

これを変形する（(3) に (2) の $-\frac{1}{2}$ 倍を加える）と、次のようになります。

$$\begin{cases} 4x-2y+3z &= 5 \quad (1) \\ 2x-2y+4z &= 8 \quad (2) \\ 0 &= 3 \quad (3) \end{cases}$$

一番下に「０＝３」という式が現れました。当然ながらこの式はいかなる場合も成り立ちません。したがって、上の連立方程式は x, y にいかなる値を入れても成立しない、すなわち「解なし」の状況になります。解なしのことを**不能**といいます。

連立方程式の解は、全ての式が同時に成り立つような値でなければなりません。よって、**変形中に「0=（0 以外の値）」のような絶対に成り立たない式が出た時点で解なしが確定する**のです。

このようなシチュエーションを拡大係数行列で表すとこのようになります。

$$\begin{pmatrix} 4 & -2 & 3 & 5 \\ 2 & -2 & 4 & 8 \\ 0 & 0 & 0 & 3 \end{pmatrix}$$

一番下の行のように、右辺の定数項部分を示す一番右の列以外が全て０となっている（つまり左辺が０の）状況ですね。このような場合は解なしです。

上の行列はまだ階段行列でないので、階段行列になるまで行基本操作を繰り返しました↓

$$\begin{pmatrix} 2 & -2 & 4 & 8 \\ 0 & 2 & -5 & -11 \\ 0 & 0 & 0 & 3 \end{pmatrix}$$

階段行列に変形した結果、右端の列以外が全て0の行があれば解なし。階数を使ってこれを表現すると、次式のようになります。

$$\mathrm{rank}A \neq \mathrm{rank}(A\ \boldsymbol{b})$$

つまり、右辺の定数項部分（$\boldsymbol{b}$）で段数が増えたらアウトということです。

解を持つための必要十分条件

さて、一般に、連立方程式が解を持つための必要条件は次のようになります。

連立1次方程式が解を持つ条件

連立1次方程式 $A\boldsymbol{x} = \boldsymbol{b}$ が解を持つための必要十分条件は、次式の成立である。

$$\mathrm{rank}A = \mathrm{rank}(A\ \boldsymbol{b})$$

この定理は、先ほどの説明とは少し趣が異なります。「$\mathrm{rank}A \neq \mathrm{rank}(A\ \boldsymbol{b})$ ならば解なし」という先ほどの説明に加えて、「$\mathrm{rank}A = \mathrm{rank}(A\ \boldsymbol{b})$ ならば解なしでない（つまり解あり）」という主張も含まれているからです。

【例1】変数の数に対して式の数が少ない場合

$$\begin{cases} x + 2y + z + w = 5 & (1) \\ x + y + z + w = -1 & (2) \end{cases}$$

これを拡大係数行列にして階段行列を作ると次のようになります。

$$\begin{pmatrix} 1 & 1 & 1 & 1 & -1 \\ 0 & 1 & 0 & 0 & 6 \end{pmatrix}$$

係数行列の階数と、拡大階数行列の階数が同じ（階数2）なので、解を持ちます。階段行列の2行目より、$y = 6$ であることは明らかで、これより (1) 式が

$$x + z + w = -7$$

となるので、これがうまく成り立つように変数の値を設定すると解が現れます。

$$x = 1, y = 6, z = 2, w = -10$$

は解の一例ですし、他にも解は無数に存在します。(この場合、2つの変数を設けて「$x = \lambda, y = 6, z = \mu, w = -7 - \lambda - \mu$ (λ と μ は任意の数)」とすれば、解を網羅できます)。

【例2】変数の数に対して式の数が多い場合

$$\begin{cases} x - y &= -2 \quad (1) \\ x + y &= 4 \quad (2) \\ 2x + y &= 5 \quad (3) \\ x + 2y &= 4 \quad (4) \end{cases}$$

これを拡大係数行列にして階段行列を作ると次のようになります。

$$\begin{pmatrix} 1 & -1 & -2 \\ 0 & 2 & 6 \\ 0 & 0 & -3 \\ 0 & 0 & 0 \end{pmatrix}$$

あ～！3行目が右端だけになった（$\mathrm{rank}A \neq \mathrm{rank}(A\ \boldsymbol{b})$ になった）ので、「$0 = -3$」という不可能な条件が浮かび上がってきて、ゆえに解なしです。

勘違いして欲しくないのは、これは別に式が多いからではありません。式が多くても解が存在する例を次に示します。

【例3】

【例2】と変数と式の数が同じである次の連立方程式

$$\begin{cases} x - y &= -2 \quad (1) \\ x + y &= 4 \quad (2) \\ 2x + y &= 5 \quad (3) \\ x + 2y &= 7 \quad (4) \end{cases}$$

の場合、階段行列を作ると、

$$\begin{pmatrix} 1 & -1 & -2 \\ 0 & 2 & 6 \\ 0 & 0 & 0 \\ 0 & 0 & 0 \end{pmatrix}$$

となり、「 $\mathrm{rank}A = \mathrm{rank}(A\ \boldsymbol{b})$ 」が成立します。実際、計算を繰り返すと「 $x = 1, y = 3$ 」が解になります。

階段行列への変換とは結局何か

結局のところ、拡大係数行列から階段行列を作る操作ってのは、**与えられた連立方程式に対して意味を保ちながら簡単化していくことで、矛盾を洗い出しつつ必要な式を絞る作業**でした。

例えば、ある式を定数倍したり、既存の複数式を実数倍して足し合わせてできた式は排除されます。次式の組を見てみましょう。

$$\begin{cases} x + y &= 4 \quad (1) \\ 2x + 2y &= 8 \quad (2) \end{cases}$$

この (2) 式は (1) 式を 2 倍したものに過ぎません。よって、拡大係数行列にして行列基本操作を経ると、(2) 式に相当する部分は次のように見事に消え去ります。

$$\begin{pmatrix} 1 & 1 & 4 \\ 0 & 0 & 0 \end{pmatrix}$$

式の組み合わせに矛盾を孕んでいると行基本操作を経る中で「 $0 = 0$ じゃない数」という式が現れ、矛盾の存在を明確に指摘してくれます。

$$\begin{cases} x + y &= 6 \quad (1) \\ x + y &= 4 \quad (2) \end{cases}$$

上の連立方程式に対して階段行列の作成を試みるとこうなります↓

$$\begin{pmatrix} 1 & 1 & 6 \\ 0 & 0 & 2 \end{pmatrix}$$

矛盾のある式の存在が $\mathrm{rank}A \neq \mathrm{rank}(A\ \boldsymbol{b})$ という形で表れます。

解の組み合わせが１つしかないとき

階段行列の階数と、連立方程式を構成している変数の個数を比較したとき、両者が等しければ、解が導き出せる場合において、その解の組み合わせが１通りだけになります。

連立１次方程式が「１組だけの」解を持つ条件

連立１次方程式 $A\boldsymbol{x} = \boldsymbol{b}$ が１組の解を持つための必要十分条件は、次式の成立である。

$$\mathrm{rank}A = \mathrm{rank}(A\ \boldsymbol{b}) = n$$

ただし、n は係数行列 A の列数である。

高校時代、「連立方程式を解くとき、少なくとも式数が変数の数だけないと解が１つにならない」というような話を聞いたことはないでしょうか？それを表した定理 です。

「rank (A b) < n」の場合はどうなるの？

この場合、変数の数から式の数（階数）を引いた数の変数について、答えを任意の記号（定数）で表した上で、残りの変数をこれらの記号を用いた解で書き表わせばokです（前項における【例１】がまさにそれです)。つまり、解の組み合わせが無数にあることになります。これを**不定**といいます。

「rank (A b) >n」の場合はどうなるの？

結論からいうと、**解なし（不能）**です。

まず、$\mathrm{rank}(A\ \boldsymbol{b}) > n+1$ はあり得ません。階数は、行列の列数を上回らないからです。階段行列の「段差」が１増える度に、左から並ぶ０の数が１つ以上増えるので、仮に階数が列数を上回るとすると、左から並ぶ０が列数より多くなるというあり得ない状況が生じます。

列数と階数が同じ $\mathrm{rank}(A\ \boldsymbol{b}) = n+1$ という場合はありえます。しかし、この場合、階段行列は左から並ぶ０の数が**１つずつ**増えている場合なので、右端のみを削った係数行列 A について、$\mathrm{rank}A = n$ なのが確定です。よって、$\mathrm{rank}A \neq \mathrm{rank}(A\ \boldsymbol{b})$ となり、**解なし**であることがわかります。

同次形の連立 1 次方程式

定数項が全て 0 の連立方程式を**同次形の連立 1 次方程式**と言います。

同次形の連立 1 次方程式

$A\boldsymbol{x} = \boldsymbol{o}$ で表される連立方程式を**同次形の連立 1 次方程式**という。

$$\begin{cases} a_{11}x_1 + a_{12}x_2 + \ldots + a_{1n}x_n = 0 \\ a_{11}x_1 + a_{12}x_2 + \ldots + a_{1n}x_n = 0 \\ \qquad\qquad\qquad\qquad\qquad \vdots = \vdots \\ a_{m1}x_1 + a_{m2}x_2 + \ldots + a_{mn}x_n = 0 \end{cases}$$

このような連立方程式を拡大係数行列で表すと、一番右の列が全て 0 になるので、階数について次式が必ず成り立ちます。

$$\mathrm{rank}A = \mathrm{rank}(A\ \boldsymbol{o})$$

そして、このような方程式は、変数が全て 0 のときに必ず成立するので、少なくとも$x_1 = x_2 = \ldots = x_n = 0$を解に持ちます。これは正直言って当たり前すぎる話なので、この解を**自明解**といいます。

一方で、自明解以外の解は必ずしも簡単に導くことができません。自明解以外の解を**非自明解**といいます。非自明解には存在条件があります。

同次形の連立 1 次方程式が非自明解を持つ条件

同次形の連立 1 次方程式が非自明解を持つための必要十分条件は次式の成立である。

$$\mathrm{rank}(A\ \boldsymbol{o}) < n$$

解の条件の議論を思い出しましょう。もし、階数と変数の個数 n が同じだと解が 1 組しか持ちません。つまり、同次形の連立 1 次方程式の解は自明解**のみ**です。そして $\mathrm{rank}(A\ \boldsymbol{o}) > n$ にはそもそもなりません（前ページと同じ理屈）。

ちなみに、非自明解は、必ずなんらかの変数が記号（定数）で表され、解を無数に持ちます（**不定**）。

05

連立方程式編

連立方程式と正則行列の関係

［ある行列が正則行列かどうか（＝逆行列を持つか否か）は、関係する連立方程式の解の組数や、その行列の階数などと連動しています。正則行列と連立方程式の間にある同値関係を証明して、それを利用した逆行列の求め方を紹介します。］

今回は、特に断りがない限り、行列 A は n 次の**正方**行列とします。

正則行列と連立方程式

連立方程式 $A\boldsymbol{x} = \boldsymbol{b}$ における A を係数行列と名付けました。行列の成分が変数の係数でできているからです。実は、係数行列 A が正則行列であるかどうかは、連立方程式の解に大きく関係します。

正則行列と連立方程式に関する 4 命題

早速、正則行列や連立方程式などの関係性をまとめましょう。

正則行列と連立方程式

n 次の正方行列 A について、次の 4 つの命題は同値である。

1　A は正則行列である。

2　連立一次方程式 $A\boldsymbol{x} = \boldsymbol{b}$ が有する解は 1 組のみである。

3　A の階数について、$\mathrm{rank}A = n$ が成り立つ。

4　A は、行基本操作によって単位行列に変換することができる。

上の定理は「1 → 2」「2 → 3」「3 → 4」「4 → 1」の成立を確かめることで示せます。命題の論理関係が一巡すると、どれか 1 つでも成り立てば、全てが成立することになり、よって 4 つの命題は同値であると言えます。

「1 → 2」について

A は正則行列である。

$\Longrightarrow$ 連立一次方程式 $A\boldsymbol{x} = \boldsymbol{b}$ が有する解は 1 組のみである。

基本事項でありながら今まで触れたことが無い話です。連立方程式 $A\boldsymbol{x} = \boldsymbol{b}$ について、係数行列 A が正則行列である、つまり逆行列 A^{-1} を持つ場合、両辺に対して左から A^{-1} を掛けることで、次のように変形できます。

$$
\begin{aligned}
A^{-1}A\boldsymbol{x} &= A^{-1}\boldsymbol{b} \\
E\boldsymbol{x} &= A^{-1}\boldsymbol{b} \\
\boldsymbol{x} &= A^{-1}\boldsymbol{b}
\end{aligned}
$$

よって、 $A^{-1}\boldsymbol{b}$ が解の全てなので、「1 → 2」が成立します。

「2 → 3」について

連立一次方程式 $A\boldsymbol{x} = \boldsymbol{b}$ が有する解は 1 組のみである。

$\Longrightarrow$ A の階数について、 $\mathrm{rank}A = n$ が成り立つ。

これは、38 ページの「連立方程式の解の条件」で示したので省略します。

「3 → 4」について

A の階数について、 $\mathrm{rank}A = n$ が成り立つ。

$\Longrightarrow$ A は、行基本操作によって単位行列に変換することができる。

係数行列を階段行列に変換した後、右下から順に同様のことをすれば単位行列になります。これじゃ説明が足りないので、もう少し説明を加えます。

まず、 $\mathrm{rank}A = n$ が前提にあるので、 A をこんな風に変換できます。

$$
\begin{pmatrix}
c_1 & \cdots & \cdots & \cdots & \cdots \\
0 & c_2 & \cdots & \cdots & \cdots \\
0 & 0 & c_3 & \cdots & \cdots \\
\vdots & \vdots & \vdots & \ddots & \vdots \\
0 & 0 & 0 & \cdots & c_n
\end{pmatrix}
$$

※ただし、 $c_1, \ldots, c_n$ は全て 0 でない。

抽象的すぎてよく分からないことになっていますが、要は対角成分**より下**の成分が全て 0 である状態です。ちなみに対角成分**より上**はなんでも OK です。対角成分は 0 でなければ OK。

行変換操作で左下エリアを全部0にしたのと同じ要領で、右上エリアも全部0にしましょう。具体的な手順は35ページの「階段行列の作り方」に記した方法を180度回転させた要領で、右下から順番に適用させたイメージです。

$$\begin{pmatrix} c_1' & 0 & 0 & \dots & 0 \\ 0 & c_2' & 0 & \dots & 0 \\ 0 & 0 & c_3' & \dots & 0 \\ \vdots & \vdots & \vdots & \ddots & \vdots \\ 0 & 0 & 0 & \dots & c_n' \end{pmatrix}$$

※ただし、$c_1', \dots, c_n'$ は全て0でない。

最後に、i 行目に $\frac{1}{c_i'}$ を掛ける作業（行基本操作の操作1）を全ての行に対して行います。すると、対角成分は全て1になります。

$$\begin{pmatrix} 1 & 0 & 0 & \dots & 0 \\ 0 & 1 & 0 & \dots & 0 \\ 0 & 0 & 1 & \dots & 0 \\ \vdots & \vdots & \vdots & \ddots & \vdots \\ 0 & 0 & 0 & \dots & 1 \end{pmatrix}$$

これで単位行列になったね！

「4 → 1」について

A は、行基本操作によって単位行列に変換することができる。

$\Longrightarrow$ A は正則行列である。

ここでは少々新しい話が登場します。

今まで直感的なやり方で行基本操作をしてきましたが、行基本操作ってある行列を左から掛けることで、各操作を行うことができるんです！

ここで、行基本操作を改めて掲載します。

行基本操作

操作1　ある行を何倍かにする

操作2　ある行を何倍かにしたものを他の行に加える

操作3　ある2つの行を入れ替える

それぞれの操作に対応する行列をみていきましょう。

操作 1　ある行を何倍かにする

単位行列の α 行 α 列成分を c にした行列を左から掛けると、**α 行目が c 倍**される。

例えば、4 次正方行列の 3 行目を 2 倍したかったら、次の行列を左から掛けよう！

$$\begin{pmatrix} 1 & 0 & 0 & 0 \\ 0 & 1 & 0 & 0 \\ 0 & 0 & 2 & 0 \\ 0 & 0 & 0 & 1 \end{pmatrix}$$

この場合、積の定義より、3 行目が次式のようになります。

$$0 \times (1\,\text{行目}) + 0 \times (2\,\text{行目}) + 2 \times (3\,\text{行目}) + 0 \times (4\,\text{行目}) = 2 \times (3\,\text{行目})$$

他の行について同様に計算すると、どれも自身の行の 1 倍になります。

操作 2　ある行を何倍かにしたものを他の行に加える

単位行列の α 行 β 列成分を c にした行列を左から掛けると、β 行目の c 倍が α 行目に加算される。

例えば、3 次正方行列の 1 行目に、3 行目の－ 2 倍を加えたかったら、次の行列を左から掛けましょう。

$$\begin{pmatrix} 1 & 0 & -2 \\ 0 & 1 & 0 \\ 0 & 0 & 1 \end{pmatrix}$$

この場合、積の定義より、1 行目が次式のようになります。

$$1 \times (1\,\text{行目}) + 0 \times (2\,\text{行目}) - 2 \times (3\,\text{行目}) = 1 \times (1\,\text{行目}) - 2 \times (3\,\text{行目})$$

他の行について同様に計算すると、どれも自身の行の 1 倍になります。

操作３　ある２つの行を入れ替える

単位行列の α 行 β 列成分と β 行 α 列成分を１にして、α 行 α 列成分と β 行 β 列成分０にした行列を左から掛けると、α 行目と β 行目が入れ替わる。

例えば、5 次正方行列の 2 行目と 4 行目を入れ替えたかったら、次の行列を左から掛けましょう。

$$\begin{pmatrix} 1 & 0 & 0 & 0 & 0 \\ 0 & 0 & 0 & 1 & 0 \\ 0 & 0 & 1 & 0 & 0 \\ 0 & 1 & 0 & 0 & 0 \\ 0 & 0 & 0 & 0 & 1 \end{pmatrix}$$

この場合、積の定義より、2 行目と 4 行目は次のようになります。

$$2\text{ 行目} = 1 \times (4\text{ 行目})$$
$$4\text{ 行目} = 1 \times (2\text{ 行目})$$

さて、以上から、結局のところ行基本操作を繰り返す作業というのは、各操作に対応する行列を左からひたすら掛けているのと同じだと分かります。行基本操作に対応するこれらの行列を**基本行列**といいます。

「A に行基本操作を繰り返すと単位行列になる」というのは、A の左からある行列の積を掛け合わせると単位行列が得られる、すなわち A が正則行列であることに他なりません。

行基本操作を繰り返して逆行列をゲットする

行基本操作を繰り返して正方行列を単位行列まで持っていけば、それまでの操作に対応する行列の積は、係数行列の逆行列になりました。この性質を利用して逆行列をゲットしましょう！！

…が、ご察しの通り、行基本操作をする度に対応する行列を引っ張り出すのは面倒です。そこで、もっと賢い方法が編み出されました。

行基本操作で逆行列を導く方法

係数行列 A と単位行列 E を横にくっつけた行列 $(A\ E)$ について、左半分が単位行列 E になるまで行基本操作を繰り返す。すると、その時の右半分の行列が逆行列となる。

たったこれだけ！簡単そう！一応理由を説明します。

単位行列になるまで繰り出した行基本操作に対応する行列の積を P とすると、$PA = E$ になることが判りました。これを利用すると、次式が成立します。

$$P(A\ E) = (PA\ PE) = (E\ P)$$

左辺と中辺が同じ理由が判らない人は、21 ページの「行列のブロック分割」を見直しましょう。この式をみると、左半分が単位行列 E になるまで行基本操作を繰り返すと、その時の右半分の行列が P 、すなわち A の逆行列となることが分かります。

この方法を使えば、**行基本操作に対応する行列のことを考えなくても逆行列が求められますね**！

さっそく試してみましょう。今回のターゲットは次の行列です。

$$A = \begin{pmatrix} 3 & 5 \\ 4 & 7 \end{pmatrix}$$

まずは、 A の右に単位行列 E をくっつけましょう。

$$(A\ E) = \begin{pmatrix} 3 & 5 & 1 & 0 \\ 4 & 7 & 0 & 1 \end{pmatrix}$$

今回は、途中式が分数だらけにならないように、35 ページの「階段行列の作り方」で扱った方法をあえて取らず、直感でゴリゴリ行基本操作してみます。

それでは冒険スタートです！

Step. 1　2 行目に対して、1 行目の -1 倍を加えます。

$$\begin{pmatrix} 3 & 5 & 1 & 0 \\ 1 & 2 & -1 & 1 \end{pmatrix}$$

Step. 2　1 行目に対して、2 行目の -3 倍を加えます。

$$\begin{pmatrix} 0 & -1 & 4 & -3 \\ 1 & 2 & -1 & 1 \end{pmatrix}$$

Step. 3　2 行目に対して、1 行目の 2 倍を加えます。

$$\begin{pmatrix} 0 & -1 & 4 & -3 \\ 1 & 0 & 7 & -5 \end{pmatrix}$$

Step. 4　1 行目を -1 倍してから、1 行目と 2 行目を入れ替えましょう。

$$\begin{pmatrix} 1 & 0 & 7 & -5 \\ 0 & 1 & -4 & 3 \end{pmatrix}$$

Step. 5　これで、行列の左半分が単位行列 E になりました。ということは、右半分が A の逆行列となります。

$$A^{-1} = \begin{pmatrix} 7 & -5 \\ -4 & 3 \end{pmatrix}$$

計算すれば分かりますが、 A の左右どちらから掛けても、積が単位行列 E になりました。

$$\begin{pmatrix} 3 & 5 \\ 4 & 7 \end{pmatrix} \begin{pmatrix} 7 & -5 \\ -4 & 3 \end{pmatrix} = \begin{pmatrix} 1 & 0 \\ 0 & 1 \end{pmatrix}$$

$$\begin{pmatrix} 7 & -5 \\ -4 & 3 \end{pmatrix} \begin{pmatrix} 3 & 5 \\ 4 & 7 \end{pmatrix} = \begin{pmatrix} 1 & 0 \\ 0 & 1 \end{pmatrix}$$

ちなみに、行基本操作をどれだけ進めても、左半分が単位行列にならない場合があります。この時は**逆行列なし**ですので、諦めましょう。

必死に頑張ってそんな結末を迎えるのが怖ければ、まずは階段行列を作ってみて、 $\mathrm{rank}A = n$ が成立するか確かめるのも手です。

06

連立方程式編

一次独立と一次従属

高校でもおなじみの「一次独立」を復習します。そして、いくつかのベクトルを組み合わせてできる行列の階数と、組み合わせたベクトルの組が一次独立であるか否かの間に潜む関係性を考えていき、行列の階数が持つ意味の一つに迫ります。

一次独立と一次従属

「一次独立」って？

一次独立とは、**複数のベクトルで構成されたグループについて、あるベクトルが他のベクトルの実数倍や、その和で表せない状態**を言います。数式を用いた厳密な定義はこんな感じ。

一次独立

p 個の n 次元行（or 列）ベクトル $\boldsymbol{a_1}, \boldsymbol{a_2}, \cdots, \boldsymbol{a_p}$ に対して、

$$x_1\boldsymbol{a_1} + x_2\boldsymbol{a_2} + \cdots + x_p\boldsymbol{a_p} = \boldsymbol{o}$$

が成り立つのが

$$x_1 = x_2 = \cdots = x_p = 0$$

の時のみであるとき、$\boldsymbol{a_1}, \boldsymbol{a_2}, \cdots, \boldsymbol{a_p}$ は**一次独立**であるという。

一次独立の反対に当たる状態が、**一次従属**です。すなわち、**あるベクトルが他のベクトルの実数倍や、その和で表せる状態**です。また、あるベクトルに対して他のベクトルの実数倍や、その和で表したものを**一次結合**といいます。

$$\boldsymbol{x_0} = \underbrace{5\boldsymbol{x_1} + 2\boldsymbol{x_2} - 3\boldsymbol{x_3}}_{\text{一次結合}}$$

一次独立の例

次のベクトルを考えましょう。

$$\boldsymbol{a_1} = \begin{pmatrix} 1 \\ 0 \\ 2 \end{pmatrix},\ \boldsymbol{a_2} = \begin{pmatrix} 0 \\ 1 \\ 4 \end{pmatrix},\ \boldsymbol{a_3} = \begin{pmatrix} 1 \\ 1 \\ 1 \end{pmatrix}$$

まずは、$\boldsymbol{a_1}$ を $x\boldsymbol{a_2}+y\boldsymbol{a_3}$ の形式で表せるかどうかを確かめましょう。

1行目成分を比較すると、y の値は1しか有りえなくなります。そのことを念頭に置いた上で2行目成分を比較すると、x は−1しか候補になくなりますが、この時、右辺の3行目成分が $-1*4+1*1=-3$ となり、明らかに $\boldsymbol{a_1}$ のそれと等しくなりません。

次に、$\boldsymbol{a_2}$ についても、2行目成分の比較からスタートすると同様の話に行き着きます。

そして、$\boldsymbol{a_3}$ については、1行目と2行目の成分を1にしたければ、$\boldsymbol{a_1}+\boldsymbol{a_2}$ にする他ないのですが、その時、3行目の成分が6になりNGです。

以上から、この3ベクトルは互いに実数倍の和の形式で表すことができず、よって一次独立と言えます。

一次独立の定義に従って、

$$x_1\boldsymbol{a_1}+x_2\boldsymbol{a_2}+x_3\boldsymbol{a_3}=\boldsymbol{o}$$

を満たす x_1,x_2,x_3 を探してみても、「$x_1=x_2=x_3=0$」が導かれることを確かめてみよう！

一次従属の例

次のベクトルを考えましょう。

$$\boldsymbol{a_1}=\begin{pmatrix}1\\0\\2\end{pmatrix},\ \boldsymbol{a_2}=\begin{pmatrix}0\\1\\4\end{pmatrix},\ \boldsymbol{a_3}=\begin{pmatrix}2\\-1\\0\end{pmatrix}$$

この時、次式が成り立つので、一次従属と言えます。

$$\boldsymbol{a_3}=2\boldsymbol{a_1}-\boldsymbol{a_2}$$

実際、

$$x_1\boldsymbol{a_1}+x_2\boldsymbol{a_2}+x_3\boldsymbol{a_3}=\boldsymbol{o}$$

となる場合を探ると、$(x_1,x_2,x_3)=(2,-1,-1)$ が導かれます（網羅的な答えはこの実数倍 $(2\lambda,-\lambda,-\lambda)$ です）。

二次独立はありません

高2の数学Bで抱いた疑問。**一次**があるなら**二次**、**三次**…もあるんじゃないのと思いがちですが、この先に**二次独立**などは登場しません。

そもそも「一次独立」は英語で“linearly independent”といい、どちらかといえば「線形独立」というべき言葉です。実際、線形独立といわれる例も数多くあります。

「線形」という言葉が「1 次」の式と深く結びついていることから「一次独立」と訳された (であろう) ことに過ぎず、n 次独立という概念の一部というわけでないことに注意しましょう。

一次独立と連立方程式

上の例で一次独立の判定を試してみたとき、どんな方法を使いましたか？

「一次独立の例」では、

$$x_1 \begin{pmatrix} 1 \\ 0 \\ 2 \end{pmatrix} + x_2 \begin{pmatrix} 0 \\ 1 \\ 4 \end{pmatrix} + x_3 \begin{pmatrix} 1 \\ 1 \\ 1 \end{pmatrix} = \begin{pmatrix} 0 \\ 0 \\ 0 \end{pmatrix}$$

から

$$\begin{cases} 1x_1 & +0x_2 & +1x_3 & = & 0 \\ 0x_1 & +1x_2 & +1x_3 & = & 0 \\ 2x_1 & +4x_2 & +1x_3 & = & 0 \end{cases}$$

という連立方程式を作ってチマチマ解いたことと思います。結局、一次独立か否かの問題は、連立方程式の解の問題と結びつきそうです。

列ベクトルの一次独立と階数

上の例で、もし連立方程式の解が自明解（全て 0 の解）しか持たないとき、列ベクトル達は一次独立となります。つまり 38 ページの「連立方程式の解の条件」から、次の命題が成立します。

列ベクトル $\boldsymbol{a_1}, \boldsymbol{a_2}, \cdots, \boldsymbol{a_r}$ が一次独立

⇔ 連立方程式 $\begin{pmatrix} \boldsymbol{a_1} & \boldsymbol{a_2} & \cdots & \boldsymbol{a_r} \end{pmatrix} \begin{pmatrix} x_1 \\ x_2 \\ \vdots \\ x_r \end{pmatrix} = \boldsymbol{o}$ が自明解しか持たない

⇔ 列ベクトルを横に繋げた行列 $[\boldsymbol{a_1}\ \boldsymbol{a_2}\ \cdots \boldsymbol{a_r}]$ の階数は r

逆に、$\boldsymbol{a_1}, \boldsymbol{a_2}, \cdots, \boldsymbol{a_r}$ が一次従属のときは、対応する連立方程式が $\boldsymbol{x} = \boldsymbol{o}$ 以外の解（非自明解）を持つので、階数が r 未満となります。

以上をまとめると次の通り。

一次独立な列ベクトルと行列の階数

r 個の列ベクトル $\boldsymbol{a_1}, \boldsymbol{a_2}, \cdots, \boldsymbol{a_r}$ が**一次独立**

$$\Leftrightarrow \mathrm{rank}[\boldsymbol{a_1}\ \boldsymbol{a_2}\ \cdots\ \boldsymbol{a_r}] = r$$

r 個の列ベクトル $\boldsymbol{a_1}, \boldsymbol{a_2}, \cdots, \boldsymbol{a_r}$ が**一次従属**

$$\Leftrightarrow \mathrm{rank}[\boldsymbol{a_1}\ \boldsymbol{a_2}\ \cdots\ \boldsymbol{a_r}] < r$$

一次独立と行基本操作

行列を階段行列にする中で、ある行が全て0になる場合がありました。行基本操作は、「ある行を数倍する」「ある行を数倍したものを他の行に加える」「行同士を入れ替える」の３つです。よって、行基本操作を経て、ある行が全て0になるという状況は、消えた行が元々他の行ベクトルの一次結合に等しかったことを示します。

例えば、3行目に2行目の4倍を加え、さらに5行目の -2 倍を加えたら、3行目が全て0になったとき、3行目について次式が成り立ちます。

$$(3\text{ 行目}) + 4 \times (2\text{ 行目}) - 2 \times (5\text{ 行目}) = (0\ 0\ \cdots\ 0)$$

行列を行ごとに分割し、i 行目の行ベクトルを $\boldsymbol{a_i}$ とすると、上の式は次のように変形できます。

$$\boldsymbol{a_3} = -4\boldsymbol{a_2} + 2\boldsymbol{a_5}$$

これはつまり、$\boldsymbol{a_3}$ が $\boldsymbol{a_2}$ と $\boldsymbol{a_5}$ の一次結合で表されるということです。

ある行列を階段行列に変形する作業は、行列の行ベクトルの中で、一次結合で表せるものを排除し、零ベクトルでない行ベクトルの組を一次独立にする作業と言えます。階段行列の定義から、階段行列を構成する非零の行ベクトルをこれ以上消せません。つまり、**階段行列の階数は、行列を構成する行ベクトルの中で一次独立なものの最大個数**というわけです。

念のためですが、一次独立なものの数でなく「最大個数」である点に注意です！例えば、５つのベクトルが一次独立である場合、その中から選んだ５つ未満のベクトルも一次独立です。一次独立なものの数は、階数以下の自然数全てになります。

階数はいつも一つ！

「列ベクトルの一次独立と階数」「一次独立と行基本操作」でのお話から、次のことが言えます。

階数とは何か

m 行 n 列行列 A について、次の３つの値は一致する。

- $\mathrm{rank}A$
- n 個の列ベクトルのうち、一次独立なものの最大個数
- m 個の行ベクトルのうち、一次独立なものの最大個数

これはすなわち、**行列の階数は、階段行列の作り方によらず一意であることを表しています！**

行ベクトルと列ベクトルの一次独立なものの個数の一致については、より厳密な証明が存在しますが、話が長くなるので割愛しました。興味がある人はより専門的な教科書を参照してください。

07

連立方程式編

基本解と特殊解

［ 既に行列と連立方程式の解の組数の間にある関係性こそ明かしましたが、具体的な解の求め方にはまだ触れていませんでした。今までに取り上げてきた性質を用いて、連立方程式の解を網羅する方法を説明します。 ］

Ax=o の非自明解を考える

一般的な場合を考える前に、まずは $A\boldsymbol{x} = \boldsymbol{o}$ の場合を考えましょう。同次形の連立 1 次方程式、すなわち右辺が全部 0 の方程式のことです。

Ax=o が解を持つとき

まず、$A\boldsymbol{x} = \boldsymbol{o}$ は「$\boldsymbol{x} = \boldsymbol{o}$」(→どの変数も全部 0）という解（自明解）を**絶対に**持ちます。これは自明なので、これ以外の解（非自明解）を求めます。

同次形の連立 1 次方程式が非自明解を持つのは、次の場合でした。ざっくり言うと**変数の数が意味のある式の数よりも多い状況**です。

同次形の連立 1 次方程式が非自明解を持つとき

A の列数が n のとき、同次形の連立 1 次方程式 $A\boldsymbol{x} = \boldsymbol{o}$ が**非自明解**を持つ必要十分条件は次式の成立である。

$$\mathrm{rank}(A\ \boldsymbol{o}) < n$$

さて、そんな時は、$n - \mathrm{rank}(A\ \boldsymbol{o})$ 個の変数を任意に置いた上で、残りの変数をこれらの変数の組み合わせで表すことにもなっていました。詳しくは 38 ページの「連立方程式の解の条件」をご覧ください。

Ax=o の非自明解を網羅する方法

同次形の連立 1 次方程式が持つ非自明解を網羅する方法は次の通りです。

同次形の連立 1 次方程式の非自明解

便宜を図るため $r = \mathrm{rank}(A\ \boldsymbol{o})$ とする。n 個の変数を持つ同次形の連立 1 次方程式 $A\boldsymbol{x} = \boldsymbol{o}$ の任意解（全ての解）$\boldsymbol{x}$ は、$n-r$ 個の一次独立な解の一次結合により表される。

すなわち、$A\boldsymbol{x} = \boldsymbol{o}$ を満たす $(x_1\ x_2\ \cdots\ x_n)$ の組み合わせ $\boldsymbol{x_i}$ のうち、一次独立な $n-r$ 個（$\boldsymbol{x_1}, \boldsymbol{x_2}, \cdots, \boldsymbol{x_{n-r}}$）を用いて次式のように表すことができる。

$$\boldsymbol{x} = \lambda_1\boldsymbol{x_1} + \lambda_2\boldsymbol{x_2} + \cdots + \lambda_{n-r}\boldsymbol{x_{n-r}} \qquad (\lambda_1, \lambda_2, \ldots, \lambda_{n-r}\text{は任意})$$

網羅する方法の例

例として、5 つの変数を持つ 3 式の同次連立 1 次方程式を用意しました。

$$\begin{cases} 2x_1 + 2x_2 + 6x_3 + 2x_4 + 2x_5 &= 0 \\ x_1 + 2x_2 + 6x_3 + 2x_4 + 3x_5 &= 0 \\ x_1 + x_2 + 4x_3 + 2x_4 + 2x_5 &= 0 \end{cases}$$

上式の拡大係数行列を階段行列にすると次の通りになります。階数は 3 です。

$$\begin{pmatrix} 1 & 1 & 4 & 2 & 2 & 0 \\ 0 & 1 & 2 & 0 & 1 & 0 \\ 0 & 0 & 1 & 1 & 1 & 0 \end{pmatrix}$$

ここで、$5-3=2$ つの変数を任意の数にしましょう。次式において、μ_1, μ_2 は両方とも任意の数をとることにします。

$$x_4 = \mu_1,\ x_5 = \mu_2$$

そして、先ほどの式に x_4, x_5 を代入することで、解が求まるのですが、互いに一次独立な解を $5-3=2$ つ用意すれば良いので、$(\mu_1, \mu_2) = (1, 0)$ の場合と $(\mu_1, \mu_2) = (0, 1)$ の場合について解を探してみましょう！ (μ_1, μ_2) に与える値は求まった解が全て一次独立である限り何でも良いですが、簡単な数の方が計算が楽です。

また、解を導くにあたって、連立 1 次方程式は階段行列に変形したときのものを使うとショートカットできます。

$$\begin{cases} x_1 + x_2 + 4x_3 + 2x_4 + 2x_5 &= 0 \\ x_2 + 2x_3 + x_5 &= 0 \\ x_3 + x_4 + x_5 &= 0 \end{cases}$$

$(\mu_1, \mu_2) = (1, 0)$ の場合

連立 1 次方程式は

$$\begin{cases} x_1 + x_2 + 4x_3 + 2 &= 0 \\ x_2 + 2x_3 &= 0 \\ x_3 + 1 &= 0 \end{cases}$$

となります。既に x_3 の値が分かっちゃってますし、楽勝すぎワロタですね。

解は $(x_1, x_2, x_3, x_4, x_5) = (0, 2, -1, 1, 0)$ です。

$(\mu_1, \mu_2) = (0, 1)$ の場合

連立 1 次方程式は

$$\begin{cases} x_1 + x_2 + 4x_3 + 2 &= 0 \\ x_2 + 2x_3 + 1 &= 0 \\ x_3 + 1 &= 0 \end{cases}$$

となります。先ほどと同様にして、解は $(x_1, x_2, x_3, x_4, x_5) = (1, 1, -1, 0, 1)$ です。

このように、簡単に 2 つの解が導けました。この 2 解は互いに一次結合で表せない一次独立の関係性なので、非自明解 $\boldsymbol{x}$ は

$$\boldsymbol{x} = \lambda_1 \begin{pmatrix} 0 \\ 2 \\ -1 \\ 1 \\ 0 \end{pmatrix} + \lambda_2 \begin{pmatrix} 1 \\ 1 \\ -1 \\ 0 \\ 1 \end{pmatrix} = \begin{pmatrix} \lambda_2 \\ 2\lambda_1 + \lambda_2 \\ -\lambda_1 - \lambda_2 \\ \lambda_1 \\ \lambda_2 \end{pmatrix}$$

という形にすることで網羅できます！

ただし、ここでも λ_1, λ_2 は任意の数をとることとします。

非自明解の基本解

同次形の連立 1 次方程式の非自明解は、一次独立な（変数の個数－階数）個の解の一次結合で表わすことで、これを網羅することができました。

ここで、非自明解の網羅に必要な（変数の個数－階数）個の解を**基本解**といいます。

基本解は、これ！ってのが 1 つに定まるものでなく、一次独立な（変数の個数－階数）個の解ならば何でも構いません。しかし、一次独立であることが何よりも重要なので、一次独立であることが確実で、かつシンプルな組み合わせのものが良く選ばれます。その例が、先ほども用いた、**ある μ が 1 で、それ以外の μ が全部 0 の場合における解**の組み合わせです。

つまり、任意の値を与えることになる「変数の個数 (n) - 階数 (r)」個の解 $x_{r+1},\cdots,x_n$ について、次の $n-r$ 個を基本解とするのがオススメです！

- $(x_{r+1},x_{r+2},x_{r+3},\cdots,x_n)=(1,0,0,\cdots,0)$ の場合の解
- $(x_{r+1},x_{r+2},x_{r+3},\cdots,x_n)=(0,1,0,\cdots,0)$ の場合の解
- $(x_{r+1},x_{r+2},x_{r+3},\cdots,x_n)=(0,0,1,\cdots,0)$ の場合の解
- $\vdots$
- $(x_{r+1},x_{r+2},x_{r+3},\cdots,x_n)=(0,0,0,\cdots,1)$ の場合の解

基本解の一次結合は自明解も包含しています

解にある任意定数を全て 0 にすると、当然ながら解は $\boldsymbol{x}=\boldsymbol{o}$ です。これは自明解そのもの。よって基本解の一次結合は自明解も含みます。

まとめ

以上から、同次形の連立 1 次方程式は次の形で網羅できます。

同次連立 1 次方程式の任意解（全ての解）

n 個の変数を持つ同次形の連立 1 次方程式 $A\boldsymbol{x}=\boldsymbol{o}$ の任意解（全ての解）$\boldsymbol{x}$ について考える。ここで、$r=\mathrm{rank}(A\ \boldsymbol{o})$ とする。

$r=n$ のとき

自明解しか持たないので、$\boldsymbol{x}=\boldsymbol{o}$ でおわり

$r<n$ のとき

$n-r$ 個の一次独立な解の一次結合により表される。

$$\boldsymbol{x}=\lambda_1\boldsymbol{x_1}+\lambda_2\boldsymbol{x_2}+\cdots+\lambda_{n-r}\boldsymbol{x_{n-r}} \qquad (\lambda_1,\lambda_2,\ldots,\lambda_{n-r}\text{は任意})$$

Ax=b が解を持つとき

次は、より一般的な場合について考えます。今度は、先ほどとは異なり定数項がある（つまり右辺が零ベクトルでない）場合の解です。

これも先に結論を言いますと、$A\boldsymbol{x}=\boldsymbol{b}$ **の解を1つ求めて、** $A\boldsymbol{x}=\boldsymbol{o}$ **の任意解（全ての解）を足し合わせる**ことで網羅できます！ここで、$A\boldsymbol{x}=\boldsymbol{b}$ を満たす解の1つを**特殊解**といいます。

Ax=b の解に関する定理

解を網羅する上で重要な定理が2つあります。

連立1次方程式の解に関する2つの定理

$A\boldsymbol{x}=\boldsymbol{b}$ を満たす**解の1つ**を $\boldsymbol{x_0}$ とすると、次の**定理1**と**定理2**が成り立つ。

定理1　$A\boldsymbol{x}=\boldsymbol{b}$ の**任意解（全ての解）** $\boldsymbol{x}$ を次のように表す。

$$\boldsymbol{x}=\boldsymbol{x_0}+\boldsymbol{y}$$

このとき、$\boldsymbol{y}$ は、$A\boldsymbol{x}=\boldsymbol{o}$ の解**（任意解とは限らない）**である。

定理2　$A\boldsymbol{x}=\boldsymbol{o}$ の**任意解（全ての解）**を $\boldsymbol{z}$ と表すとき、

$$\boldsymbol{w}=\boldsymbol{x_0}+\boldsymbol{z}$$

について、$\boldsymbol{w}$ は $A\boldsymbol{x}=\boldsymbol{b}$ の解**(任意解とは限らない)**である。

理由は簡単。

定理1について

$x=x_0+y$ を変形して、$y=x-x_0$ にすると、

$$\begin{aligned}A\boldsymbol{y}&=A(\boldsymbol{x}-\boldsymbol{x_0})\\&=A\boldsymbol{x}-A\boldsymbol{x_0} \leftarrow \text{分配法則}\\&=\boldsymbol{b}-\boldsymbol{b}\\&=\boldsymbol{o}\end{aligned}$$

となり、y が $A\boldsymbol{x}=\boldsymbol{o}$ の解であることが示されました。

定理2について

$w=x_0+z$ を直接代入します。

$$
\begin{aligned}
A\boldsymbol{w} &= A(\boldsymbol{x_0} + \boldsymbol{z}) \\
&= A\boldsymbol{x_0} + A\boldsymbol{z} \leftarrow \text{分配法則} \\
&= \boldsymbol{b} + \boldsymbol{o} \\
&= \boldsymbol{b}
\end{aligned}
$$

よって、w が $A\boldsymbol{x} = \boldsymbol{b}$ の解であることが示されました。

この 2 つの定理を結びつけることで、次のことがいえます。

連立 1 次方程式の任意解（全ての解）

連立 1 次方程式 $A\boldsymbol{x} = \boldsymbol{b}$ の任意解（全ての解）$\boldsymbol{x}$ は、$A\boldsymbol{x} = \boldsymbol{o}$ の任意解（全ての解）と、$A\boldsymbol{x} = \boldsymbol{b}$ の解の 1 つ（**特殊解**）の和である。

これぞ連立方程式の解を網羅する方法です！

網羅する方法を使ってみる

先ほど解いた同次連立 1 次方程式の右辺に値を加えたものを用意しました。

$$
\begin{cases}
2x_1 + 2x_2 + 6x_3 + 2x_4 + 2x_5 &= 2 \\
x_1 + 2x_2 + 6x_3 + 2x_4 + 3x_5 &= 1 \\
x_1 + x_2 + 4x_3 + 2x_4 + 2x_5 &= 2
\end{cases}
$$

ここで、改めて拡大係数行列を用意して、階段行列を作ります。

$$
\begin{pmatrix}
1 & 1 & 4 & 2 & 2 & 2 \\
0 & 1 & 2 & 0 & 1 & -1 \\
0 & 0 & 1 & 1 & 1 & 1
\end{pmatrix}
$$

となり、$\text{rank}(A\ \boldsymbol{b}) = \text{rank}A$ である上、階数が 3 だと判りました。同次形のときと同じく、$5 - 3 = 2$ 個の変数を任意に与えることができるので、計算を簡単にするため、$(x_4, x_5) = (0, 0)$ として計算を進めます。

階段行列を利用しつつ、(x_4, x_5) を代入した式がこちら。

$$
\begin{cases}
x_1 + x_2 + 4x_3 &= 2 \\
x_2 + 2x_3 &= -1 \\
x_3 &= 1
\end{cases}
$$

これを解くと、$(x_1, x_2, x_3, x_4, x_5) = (1, -3, 1, 0, 0)$ が導かれました。この解が**特殊解**です。

連立方程式の任意解は、これと同次連立 1 次方程式の任意解の和でした。

よって、先ほど求めた同次連立1次方程式の任意解を足し合わせた結果が連立方程式の任意解になります。

$$\underbrace{\begin{pmatrix} 1 \\ -3 \\ 1 \\ 0 \\ 0 \end{pmatrix}}_{\text{特殊解}} + \underbrace{\begin{pmatrix} \lambda_2 \\ 2\lambda_1 + \lambda_2 \\ -\lambda_1 - \lambda_2 \\ \lambda_1 \\ \lambda_2 \end{pmatrix}}_{\text{Ax=o の任意解}} = \underbrace{\begin{pmatrix} 1 + \lambda_2 \\ -3 + 2\lambda_1 + \lambda_2 \\ 1 - \lambda_1 - \lambda_2 \\ \lambda_1 \\ \lambda_2 \end{pmatrix}}_{\text{Ax=b の任意解}}$$

連立1次方程式の解を網羅する方法（まとめ）

以上の長すぎる説明をまとめると、連立1次方程式の解は次のようにして網羅できます。もちろん解が求まるシチュエーションが前提です。

連立1次方程式の解を網羅する方法

連立1次方程式 $A\boldsymbol{x} = \boldsymbol{b}$ の任意解（全ての解）$\boldsymbol{x}$ の求め方は次の通り。

Step. 1　**$A\boldsymbol{x} = \boldsymbol{b}$ の解の1つ（特殊解）を求める**

階段行列を作って階数を求め、「変数の個数 - 階数」個の変数に好きな値を与える（オール0がオススメ）。
その上で導いた連立方程式の解 $\boldsymbol{x_0}$ が特殊解である。

Step. 2　**$A\boldsymbol{x} = \boldsymbol{o}$ の任意解（全ての解）を求める**

「変数の個数 - 階数」個の変数に好きな値を与え（1つだけ「1」で、残りはオール0がオススメ）、これを用いて連立方程式を解く。
これを繰り返して、一次独立な「変数の個数 - 階数」組の解を求める。そして、これらの解を一次結合させた解（$\lambda_1\boldsymbol{x_1} + \cdots + \lambda_{n-r}\boldsymbol{x_{n-r}}$）が任意解である。

Step. 3　**特殊解と任意解を足す**

Step1 と **Step2** で求めた解の和が連立方程式の任意解である。

$$\boldsymbol{x} = \boldsymbol{x_0} + \lambda_1\boldsymbol{x_1} + \cdots + \lambda_{n-r}\boldsymbol{x_{n-r}}$$

QUESTION

[章末問題]

Q1 次の行列を階段行列に変形して階数を求めよ。

① $\begin{pmatrix} 1 & 2 & 3 & 4 \\ 0 & 1 & 4 & 2 \\ 1 & 0 & 4 & 3 \end{pmatrix}$　② $\begin{pmatrix} 1 & 4 & -6 & 2 & 3 \\ -1 & 3 & -9 & 3 & 3 \\ 2 & 1 & 3 & -1 & 0 \end{pmatrix}$

Q2 次の連立方程式は解を持つか。拡大係数行列の階数に基づき評価せよ。

① $\begin{cases} 3x+2y=1 \\ 6x-5y=11 \end{cases}$　② $\begin{cases} 4x+2y=5 \\ -2x-y=1 \end{cases}$

Q3 次の行列の逆行列を求めよ。

① $\begin{pmatrix} 1 & 0 \\ 2 & 1 \end{pmatrix}$　② $\begin{pmatrix} 1 & 3 & 0 \\ 2 & 4 & 1 \\ 3 & 2 & 4 \end{pmatrix}$

Q4 次のベクトルの組みは1次独立か1次従属かどちらか。
行列の階数に基づき評価せよ。

① $\begin{pmatrix} 1 \\ 0 \end{pmatrix}$ と $\begin{pmatrix} 0 \\ 1 \end{pmatrix}$　② $\begin{pmatrix} 1 \\ 1 \\ 0 \end{pmatrix}$ と $\begin{pmatrix} 1 \\ 0 \\ -1 \end{pmatrix}$ と $\begin{pmatrix} -1 \\ -1 \\ 0 \end{pmatrix}$

Q5 次の連立方程式の解を求めよ。
ただし、任意変数を用いて解を網羅すること。

① $2x+y+3z=-6$　② $\begin{cases} x+y+z+w=0 \\ 2x+2y-z-w=-6 \end{cases}$

ANSWER

[解答解説]

Q1 次の行列を階段行列に変形して階数を求めよ。

① $$\begin{pmatrix}1&2&3&4\\0&1&4&2\\1&0&4&3\end{pmatrix}\Rightarrow\begin{pmatrix}1&2&3&4\\0&1&4&2\\0&-2&1&-1\end{pmatrix}\Rightarrow\begin{pmatrix}1&2&3&4\\0&1&4&2\\0&0&9&3\end{pmatrix}$$

よって**階数 3**

② $$\begin{pmatrix}1&4&-6&2&3\\-1&3&-9&3&3\\2&1&3&-1&0\end{pmatrix}\Rightarrow\begin{pmatrix}1&4&-6&2&3\\0&7&-15&5&6\\0&7&-15&5&6\end{pmatrix}\Rightarrow\begin{pmatrix}1&4&-6&2&3\\0&7&-15&5&6\\0&0&0&0&0\end{pmatrix}$$

よって**階数 2**

Q2 次の連立方程式は解を持つか。拡大係数行列の階数に基づき評価せよ。

① **拡大係数行列** $$\begin{pmatrix}3&2&1\\6&-5&11\end{pmatrix}\Rightarrow\begin{pmatrix}3&2&1\\0&-9&9\end{pmatrix}$$ (階段行列) **階数 2**

係数行列 $$\begin{pmatrix}3&2\\6&-5\end{pmatrix}\Rightarrow\begin{pmatrix}3&2\\0&-9\end{pmatrix}$$ **階数 2**

同じ ➡ **解あり**

② **拡大係数行列** $$\begin{pmatrix}4&2&5\\-2&-1&1\end{pmatrix}\Rightarrow\begin{pmatrix}4&2&5\\0&0&\frac{7}{2}\end{pmatrix}$$ **階数 2**

係数行列 $$\begin{pmatrix}4&2\\-2&-1\end{pmatrix}\Rightarrow\begin{pmatrix}4&2\\0&0\end{pmatrix}$$ **階数 1**

違う ➡ **解なし**

Q3 次の行列の逆行列を求めよ。

$(A\ E)$ に行基本変形を加えて $(E\ P)$ を作ることで逆行列を求めます。

① $$\begin{pmatrix}1&0&1&0\\2&1&0&1\end{pmatrix}\Rightarrow\begin{pmatrix}1&0&1&0\\0&1&-2&1\end{pmatrix}$$ **よって** $$\begin{pmatrix}1&0\\-2&1\end{pmatrix}$$

② $\begin{pmatrix}1&3&0&1&0&0\\2&4&1&0&1&0\\3&2&4&0&0&1\end{pmatrix} \Rightarrow \begin{pmatrix}1&3&0&1&0&0\\0&-2&1&-2&1&0\\0&-7&4&-3&0&1\end{pmatrix} \Rightarrow \begin{pmatrix}1&3&0&1&0&-3\\0&-2&1&-2&1&0\\0&0&\frac{1}{2}&4&-\frac{7}{2}&1\end{pmatrix}$

$\Rightarrow \begin{pmatrix}1&3&0&1&0&-3\\0&-2&1&-2&1&0\\0&0&1&8&-7&2\end{pmatrix} \Rightarrow \begin{pmatrix}1&0&0&-14&12&-3\\0&-2&0&-10&8&-2\\0&0&1&8&-7&2\end{pmatrix} \Rightarrow \begin{pmatrix}1&0&0&-14&12&-3\\0&1&0&5&-4&1\\0&0&1&8&-7&2\end{pmatrix}$

よって $\begin{pmatrix}-14&12&-3\\5&-4&1\\8&-7&2\end{pmatrix}$

Q4 **次のベクトルの組みは 1 次独立か 1 次従属かどちらか。**
行列の階数に基づき評価せよ。

① $\begin{pmatrix}1&0\\0&1\end{pmatrix}$ **階数 2 ＝ ベクトルの本数 ➡ 1 次独立**

② $\begin{pmatrix}1&1&-1\\1&0&-1\\0&-1&0\end{pmatrix} \Rightarrow \begin{pmatrix}1&1&-1\\0&-1&0\\0&0&0\end{pmatrix}$ **階数 2 ＜ ベクトルの本数 ➡ 1 次従属**

Q5 **次の連立方程式の解を求めよ。**
ただし、任意変数を用いて解を網羅すること。

① $2x+y+3z=-6$ **の解のひとつ（特殊解）➡** $\begin{pmatrix}x\\y\\z\end{pmatrix}=\begin{pmatrix}0\\0\\-2\end{pmatrix}$

$2x+y+3z=0$ **の解（非自明解）**

➡ 拡大係数行列 $\begin{pmatrix}2&1&3&0\end{pmatrix}$ の階数は 1 なので、

変数の個数ー階数 ＝ 3 ー 1 ＝ **2 個**の 1 次独立な解を求めます。

➡ 頑張って求めた結果 $\begin{pmatrix}x\\y\\z\end{pmatrix}=\begin{pmatrix}3\\0\\-2\end{pmatrix}$ と $\begin{pmatrix}0\\3\\-1\end{pmatrix}$

あくまで一例なので、これ以外の解もあり

よって $\begin{pmatrix}x\\y\\z\end{pmatrix}=\lambda\begin{pmatrix}3\\0\\-2\end{pmatrix}+\mu\begin{pmatrix}0\\3\\-1\end{pmatrix}+\begin{pmatrix}0\\0\\-2\end{pmatrix}$ ※ λ と μ は任意変数

② ①と同様にして、$\begin{pmatrix}x\\y\\z\\w\end{pmatrix}=\lambda\begin{pmatrix}1\\-1\\0\\0\end{pmatrix}+\mu\begin{pmatrix}0\\0\\1\\-1\end{pmatrix}+\begin{pmatrix}-1\\-1\\1\\1\end{pmatrix}$ ※ λ と μ は任意変数

03

行列式編

正方行列の性質を表す重要な指標のひとつに行列式という数値があります。行列式は、サイズが小さい行列に対してこそ簡単に定義できますが、全てのサイズに対応できる一般的な定義は難解です。そこで、いくつかの予備概念を紹介して行列式の一般的な定義をじっくり学習します。さらに行列式を用いた逆行列の求め方や、連立方程式との関連など、行列式の活用についても学びます。

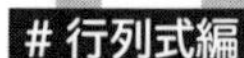

行列式って何？

［ 行列式は、ある正方行列の性質を考える上で重要な役割を果たす指標のひとつです。行列式の紹介をするとともに、比較的簡単に求められる２次正方行列＆３次正方行列の行列式の求め方を紹介します。 ］

行列式とは？

行列式は、正方行列の特徴を表す指標の一つです。行列**式**なんて言いますが、方程式などではなく、スカラーです。つまり、「1」「3」みたいな値をとります。

$$A = \begin{pmatrix} 1 & 2 \\ 3 & 4 \end{pmatrix} \qquad |A| = -2$$

行列　　　　行列式

行列式の定義は結構複雑です。ここでは２次と３次の行列の例に留め、一般的な定義については後で扱います。

行列式が活躍する場面の一つに、逆行列の導出があります。逆行列とは、ある行列にかけることで、その行列を単位行列にしてしまう行列のことです。逆行列は、連立一次方程式を一瞬で解くことを可能にするなど、行列計算の上で非常に有益かつ重要な力を有します。行列式は、逆行列の導出に利用される値です。そして、行列式の値から、逆行列がそもそも存在するのかを確認することができます。

行列式の表記

行列 A の行列式は、$|A|$ や $\det(A)$ と表します。「det」は、行列式の英語に当たる "determinant" に由来します。

どちらを使用しても構いませんが、以降では、$|A|$ の方を使用します。

行列式の定義（ミニサイズの行列用）

まず、**行列式は正方行列に対してのみ定義されます**。よって、これから出てくる行列は基本的に正方行列です。

行列式の定義は、一般的な n 行 n 列行列に対して説明すると前置きが長くなるので、今後何回かに分けて説明します。今回は、定義が比較的簡単な 2 次正方行列と 3 次正方行列の場合を紹介します。

2 次正方行列の行列式

かなり簡単です。

$$A = \begin{pmatrix} a_{11} & a_{12} \\ a_{21} & a_{22} \end{pmatrix}$$

について、

$$|A| = a_{11}a_{22} - a_{12}a_{21}$$

つまり、「**(左上 × 右下) – (右上 × 左下)**」ですね。

例えば、次の行列の行列式を求めます。

$$B = \begin{pmatrix} 3 & 2 \\ 5 & 4 \end{pmatrix}$$

このとき、$|B| = 3 \times 4 - 2 \times 5 = 12 - 10 = \underline{2}$ です。

3 次正方行列の行列式

次数が 1 つ増えただけなのに、かなり複雑になります…

$$A = \begin{pmatrix} a_{11} & a_{12} & a_{13} \\ a_{21} & a_{22} & a_{23} \\ a_{31} & a_{32} & a_{33} \end{pmatrix}$$

について、

$$\begin{aligned} |A| = \quad & a_{11}a_{22}a_{33} + a_{12}a_{23}a_{31} + a_{13}a_{21}a_{32} \\ & - a_{13}a_{22}a_{31} - a_{12}a_{21}a_{33} - a_{11}a_{23}a_{32} \end{aligned}$$

式で表すと複雑すぎるので、次の図で表現される場合も多々あります（これを**サラスの公式**といいます）。

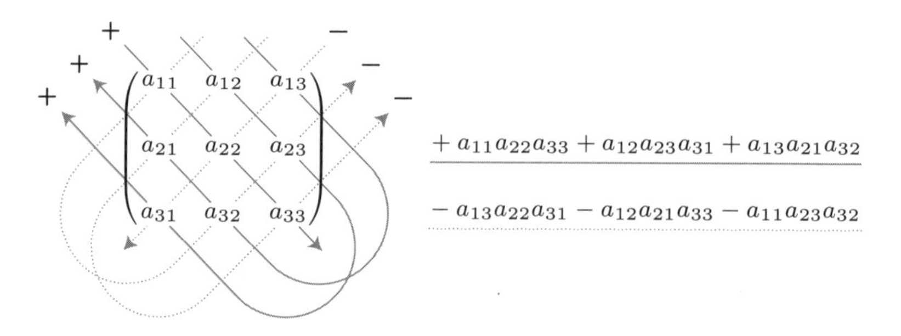

例えば、次の行列の行列式を求めます。

$$C = \begin{pmatrix} 1 & 3 & 2 \\ 5 & 4 & 6 \\ 8 & 9 & 7 \end{pmatrix}$$

このとき、次式のようになります。計算が大変なのは、そういうものです。

$$\begin{aligned} |C| &= (1 \times 4 \times 7) + (3 \times 6 \times 8) + (2 \times 5 \times 9) \\ &\quad - (2 \times 4 \times 8) - (3 \times 5 \times 7) - (1 \times 6 \times 9) \\ &= 28 + 144 + 90 - 64 - 105 - 54 \\ &= \underline{39} \end{aligned}$$

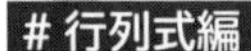

置換と巡回置換

n 次の正方行列に対する行列式の定義に用いる「置換」の概念に触れ、置換のなかでも特別な「巡回置換」を取り上げます。今回の話は、同じく行列式の定義に必要な概念であり、このあと登場する「互換」と「置換の符号」を学習するための準備になります。

置換とは

置換とは、**ある数列のアナグラム**のことです。

例えば、「1,2,3,4,5」という数列を、「4,3,2,5,1」と並び替え、両者の数字をそれぞれ左から順に「1 と 4」「2 と 3」「3 と 2」「4 と 5」「5 と 1」と対応づけると、この対応を **5 文字の置換**といいます。

「1 と 4」みたいな対応関係を「 $\sigma(1)=4$ 」と表し、さらには、この対応を

$$\sigma=\begin{pmatrix}1 & 2 & 3 & 4 & 5\\ 4 & 3 & 2 & 5 & 1\end{pmatrix}$$

とまとめます。上の段が先ほどの「1,2,3,4,5」で、下の段がその並び替えの「4,3,2,5,1」ですね。

ある列の上下の数字をペアとして捉えることがこの表記を扱う上の基本です。例えば、3 列目は「 $\sigma(3)=2$ 」を表します。そして、上下の数字の組み合わせさえ合っているならば、**列を好きに入れ替えても問題ありません**。ちなみに、**行列っぽい見た目ですが、行列とは別物です！**

置換について抽象的にまとめると次のようになります。

置換

n 個の要素 $1,2,\cdots,n$ を適当な順番に並べた $p_1,p_2,\cdots,p_n$ について、i と p_i の対応づけを $\sigma(i)=p_i\ (i=1,2,\cdots,n)$ と表し、これらをまとめて次の通り表す。

$$\sigma=\begin{pmatrix}1 & 2 & \cdots & n\\ p_1 & p_2 & \cdots & p_n\end{pmatrix}$$

n **文字の置換は全部で** $n!$ **パターンです。**なぜなら置換の総数は並び替えの総パターン数だからです。

また、ある列に同じ数字が並ぶこと（同じ数字が上下に対応すること）がありますが、そのような列は基本的に省略して記します。

例えば、 $1,2,3,4 \to 2,4,3,1$ のとき

$$\sigma = \begin{pmatrix} 1 & 2 & \underline{3} & 4 \\ 2 & 4 & \underline{3} & 1 \end{pmatrix} = \begin{pmatrix} 1 & 2 & 4 \\ 2 & 4 & 1 \end{pmatrix}$$

置換の積

置換の積とは

n 文字の 2 つの置換 σ, τ が手元にあるとします。このとき、置換 σ における $\sigma(i)$ の値を置換 τ にそのまま与えることで、「i と $\tau(\sigma(i))$ 」の対応を考えることができます。簡単に言えば、2 つの置換の対応関係（「A → B」と「B → C」）を 3 段論法的な感じで 1 つにギュッとまとめる (「A → C」) 感じですね。こうした対応をまとめたものを、**置換の積**と言います。

定義 Definition

置換の積

i と $\tau(\sigma(i))$ の対応づけを**置換** σ **と置換** τ **の積**と言い、両者の積を $\tau\sigma$ と表す。

$$\begin{aligned} \tau\sigma &= \begin{pmatrix} 1 & 2 & \cdots & n \\ \tau(1) & \tau(2) & \cdots & \tau(n) \end{pmatrix} \begin{pmatrix} 1 & 2 & \cdots & n \\ \sigma(1) & \sigma(2) & \cdots & \sigma(n) \end{pmatrix} \\ &= \begin{pmatrix} 1 & 2 & \cdots & n \\ \tau(\sigma(1)) & \tau(\sigma(2)) & \cdots & \tau(\sigma(n)) \end{pmatrix} \end{aligned}$$

置換の積の例

次の 2 つの置換の積 $\tau\sigma$ を考えます。

$$\tau = \begin{pmatrix} 1 & 2 & 3 \\ 2 & 3 & 1 \end{pmatrix}, \qquad \sigma = \begin{pmatrix} 1 & 2 & 3 \\ 3 & 2 & 1 \end{pmatrix}$$

まず、σ では、1 が 3 に対応しています（$\sigma(1) = 3$）。そして、τ では 3 が 1 に対応している（$\tau(3) = 1$）ので、積 $\tau\sigma$ では 1 が $\tau(\sigma(1)) = \tau(3) = 1$ と対応することになります。

同様にすると、

$$\begin{aligned} 2 \to \tau(\sigma(2)) = \tau(2) \quad &= 3 \\ 3 \to \tau(\sigma(3)) = \tau(1) \quad &= 2 \end{aligned}$$

となるので、次のようになります。

$$\begin{aligned} \tau\sigma &= \begin{pmatrix} 1 & 2 & 3 \\ 2 & 3 & 1 \end{pmatrix} \begin{pmatrix} 1 & 2 & 3 \\ 3 & 2 & 1 \end{pmatrix} \\ &= \begin{pmatrix} 1 & 2 & 3 \\ 1 & 3 & 2 \end{pmatrix} \\ &= \begin{pmatrix} 2 & 3 \\ 3 & 2 \end{pmatrix} \end{aligned}$$

簡単に言えば、右の置換の上段から数字を辿って、最終的に行き着く左の置換の下段の数字が、積における対応になります。

置換の積の注意点

置換の積では、行列と同じく、**掛け合わせる順序を逆にすれば基本的に答えが変わります**。

一般に次式が成立する。

$$\tau\sigma \neq \sigma\tau$$

ただし、組み合わせ次第では $\tau\sigma = \sigma\tau$ のときもある。

先ほどの例で、τ と σ の順序を逆にしてみます。

$$\begin{aligned} \sigma\tau &= \begin{pmatrix} 1 & 2 & 3 \\ 3 & 2 & 1 \end{pmatrix} \begin{pmatrix} 1 & 2 & 3 \\ 2 & 3 & 1 \end{pmatrix} \\ &= \begin{pmatrix} 1 & 2 & 3 \\ 2 & 1 & 3 \end{pmatrix} \\ &= \begin{pmatrix} 1 & 2 \\ 2 & 1 \end{pmatrix} \end{aligned}$$

先ほどと答えが異なることがわかります。

単位置換

同じ数字同士の対応付けしかない置換を**単位置換**といいます。

単位置換

次のような置換を単位置換という。

$$\epsilon = \begin{pmatrix} 1 & 2 & \cdots & n \\ 1 & 2 & \cdots & n \end{pmatrix}$$

単位行列は、他の置換と掛けても、積に変化を及ぼしません。

$$\epsilon\sigma = \sigma\epsilon = \sigma$$

逆置換

ある置換の上段と下段を入れ替えた置換を**逆置換**といいます。

逆置換

次のような置換を**逆置換**といい、σ^{-1} と記す。

$$\sigma^{-1} = \begin{pmatrix} \sigma(1) & \sigma(2) & \cdots & \sigma(n) \\ 1 & 2 & \cdots & n \end{pmatrix}$$

逆置換 σ^{-1} は、σ と掛け合わせることで単位置換になります。

$$\sigma^{-1}\sigma = \sigma\sigma^{-1} = \epsilon$$

巡回置換

ある1つの置換について考えたとき、対応する数字を追っていくと最終的に元の数字にたどり着くことがあります。

$$\begin{pmatrix} 1 & 2 & 3 & 4 & 5 & 6 \\ 3 & 5 & 6 & 1 & 2 & 4 \end{pmatrix}$$

例えば、上の置換について、「1と3」「3と6」「6と4」「4と1」という4つの対応関係から「$1 \to 3 \to 6 \to 4 \to 1$」という輪が生まれます。同様にして「$2 \to 5 \to 2$」という輪も見つけられると思います。

このように、同じ置換で対応関係を追うことで m 文字を一巡する置換を、**長さ m の巡回置換**といいます。

定義 Definition

巡回置換

ある置換 σ について、次のように対応関係が一巡する置換を**長さ m の巡回置換**という。

$$\sigma(i_1) = i_2,\ \sigma(i_2) = i_3 \quad \cdots\ \sigma(i_m) = i_1$$

これを次のように記す。

$$(i_1\ i_2\ \cdots\ i_m)$$

先ほどの例で言えば、$(1\ 3\ 6\ 4)$ と $(2\ 5)$ の 2 つの巡回置換が置換の中に含まれていたことになります。

ここで、またまた新しい記法が登場しました。これは先ほどの記法を 1 行にしたものと同じです。

$$(1\ 3\ 6\ 4) = \begin{pmatrix} 1 & 3 & 6 & 4 \\ 3 & 6 & 4 & 1 \end{pmatrix}$$

1 つの置換が複数の巡回置換で構成されているなら、その置換は巡回置換の積で表せられます。

$$\begin{pmatrix} 1 & 2 & 3 & 4 & 5 & 6 \\ 3 & 5 & 6 & 1 & 2 & 4 \end{pmatrix} = (1\ 3\ 6\ 4)(2\ 5)$$

このとき、積として与えられている 2 つの巡回置換は、構成されている要素が全く異なるので、掛け合わせる順番を逆にしても同じ結果が導かれます。

$$(2\ 5)(1\ 3\ 6\ 4) = (1\ 3\ 6\ 4)(2\ 5)$$

ちなみに、**どんな置換も、巡回置換の積を用いて表現できる**ことが知られています。

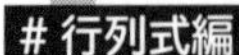

互換の求め方と置換の符号

巡回置換のなかでも長さが２しかない短い置換である「互換」というものを学び、それを用いて「置換の符号」というものの求め方に迫ります。ここまでの話を理解することによって、ようやく行列式の一般的な定義にありつけるようになります。

互換

互換とは

巡回置換の中でも、最もミニサイズのものです。

互換

長さが２の巡回置換を**互換**と言い、$(s\ t)$ で表す。

$$(s\ t) = \begin{pmatrix} s & t \\ t & s \end{pmatrix}$$

例えば、巡回置換 $(2\ 5)$ は、長さが２なので互換です。

互換の積

巡回置換には**どんな巡回置換も互換の積で表せられる**という性質があります。なぜなら、次に掲げる変形をすることでそれを実現できるからです。

巡回置換→互換の積

巡回置換 $\sigma = (i_1\ i_2\ \cdots\ i_m)$ について、次式が成立する。

$$\begin{aligned} \sigma &= (i_1\ i_2\ \cdots\ i_m) \\ &= (i_1\ i_m)(i_1\ i_{m-1})\cdots(i_1\ i_4)(i_1\ i_3)(i_1\ i_2) \end{aligned}$$

すなわち、任意の巡回置換は互換の積で表せる。

実際に積を確かめてみましょう。例えば、i_2 は、右上から辿っていくと「$i_2 \to i_1 \to i_3$」となりますが、右から３つ目より左には i_3 を含む互換がないため、「$i_2 \to i_3$」の対応が確定します。i_1 や、i_3 以降も同様の方法で確かめられます。

一応、例を置いておきますね。

$$(2\ 5\ 4\ 1) = (2\ 1)(2\ 4)(2\ 5)$$

ちなみに、上の公式でできあがる互換の積以外にも、**互換の積の表し方は複数あります**。例えば、(2 5 4 1) だけでも次のようにたくさんの表し方で書くことができます。(1 行目は上の公式通り、2 行目以降は自力で探しました…汗)

$$(2\ 5\ 4\ 1) = \begin{cases} (2\ 1)(2\ 4)(2\ 5) \\ (1\ 4)(1\ 5)(1\ 2) \\ (2\ 1)(5\ 1)(2\ 4)(5\ 1)(2\ 5) \\ (5\ 1)(1\ 2)(5\ 4)(2\ 1)(5\ 2) \\ \cdots \end{cases}$$

奇置換と偶置換

先述の通り、巡回置換は互換の積で複数通りの表現ができます。これに関する重要な性質があります。

巡回置換の表現に用いる互換の数の奇偶

ある巡回置換 $(i_1\ i_2\ \cdots\ i_m)$ を互換の積で表現するとき、その表現の仕方に関わらず、積に用いる互換の個数の奇偶が一致する。

例は先ほどのものをご覧ください。(2 5 4 1) を互換の積で表したとき、互換の個数は 3 個・5 個と奇数ばかりでした。なぜなら今回挙げた巡回置換の例では、互換を奇数個使わないとそもそも積として表現できなかったからです。

さて、置換は複数の巡回置換の積で表せました。そして、巡回置換は複数の互換の積で表せるのでした。よって、**どんな置換も複数の互換の積で表せる**ことが言えます。巡回置換に用いる積の個数の奇偶は常に同じなので、**ある置換を互換の積で表現するときに用いる互換の個数も、その表わし方によらず奇偶が同じ**です。

この性質を使うと、置換は大きく 2 つのグループに分けられます。互換の積で表したとき、**互換の個数が偶数のもの**と、**奇数のもの**です。そのそれぞれに名前が付いています。

奇置換と偶置換

奇置換　奇数個の互換の積で表される置換。

偶置換　偶数個の互換の積で表される置換。

例として、以前にも登場した次の置換を考えます。

$$\sigma = \begin{pmatrix} 1 & 2 & 3 & 4 & 5 \\ 4 & 3 & 2 & 5 & 1 \end{pmatrix}$$

この置換は「$1 \to 4 \to 5 \to 1$」「$2 \to 3 \to 2$」という2つの巡回置換が見られます。よって、次のように表されます。

$$\sigma = (1\ 4\ 5)(2\ 3)$$

ここで、$(1\ 4\ 5) = (1\ 5)(1\ 4)$ より、$(1\ 4\ 5)$ は2つの互換の積で表されます。また $(2\ 3)$ は元から互換なので、σ は3つの互換の積で表されることになります。

$$\sigma = (1\ 5)(1\ 4)(2\ 3)$$

よって、σ は**奇置換**です！

置換の符号

置換の符号の定義

置換には**符号**というものが定義されます。符号と言いつつスカラーの値です。

置換の符号

ある置換 σ の符号を $\mathrm{sgn}(\sigma)$ と表し、これを次のように定義する。

$$\text{置換の符号 } \mathrm{sgn}(\sigma) = \begin{cases} -1 & (\sigma\text{が奇置換}) \\ 1 & (\sigma\text{が偶置換}) \end{cases}$$

すなわち、σ が m 個の互換の積で表されるとき、次式の通りである。

$$\mathrm{sgn}(\sigma) = (-1)^m$$

行列式の定義を説明するために欲しかったのはこれです。お疲れ様でした！

置換の符号の例

定義だけ述べて終わるのもなんなので、最後にどっと例を示します。

$(1\ 2\ 3)$ から生み出すことのできる $3! = 6$ 種類の置換です。

① $\begin{pmatrix}1 & 2 & 3\\1 & 2 & 3\end{pmatrix}$　② $\begin{pmatrix}1 & 2 & 3\\1 & 3 & 2\end{pmatrix}$　③ $\begin{pmatrix}1 & 2 & 3\\2 & 1 & 3\end{pmatrix}$

④ $\begin{pmatrix}1 & 2 & 3\\2 & 3 & 1\end{pmatrix}$　⑤ $\begin{pmatrix}1 & 2 & 3\\3 & 1 & 2\end{pmatrix}$　⑥ $\begin{pmatrix}1 & 2 & 3\\3 & 2 & 1\end{pmatrix}$

① 単位置換じゃんって感じですが、強いていうなら $(1\ 2)(1\ 2)$ と表せます。よって偶置換。符号は 1 です。

② 次式より奇置換。符号は -1 です。

$$\begin{pmatrix}1 & 2 & 3\\1 & 3 & 2\end{pmatrix} = \begin{pmatrix}2 & 3\\3 & 2\end{pmatrix} = (2\ 3)$$

③ 次式より奇置換。符号は -1 です。

$$\begin{pmatrix}1 & 2 & 3\\2 & 1 & 3\end{pmatrix} = \begin{pmatrix}1 & 2\\2 & 1\end{pmatrix} = (1\ 2)$$

④ 次式より偶置換。符号は 1 です。

$$\begin{pmatrix}1 & 2 & 3\\2 & 3 & 1\end{pmatrix} = (1\ 2\ 3) = (1\ 3)(1\ 2)$$

⑤ 次式より偶置換。符号は 1 です。

$$\begin{pmatrix}1 & 2 & 3\\3 & 1 & 2\end{pmatrix} = (1\ 3\ 2) = (1\ 2)(1\ 3)$$

⑥ 次式より奇置換。符号は -1 です。

$$\begin{pmatrix}1 & 2 & 3\\3 & 2 & 1\end{pmatrix} = \begin{pmatrix}1 & 3\\3 & 1\end{pmatrix} = (1\ 3)$$

こうして見ると、奇置換が３つ、偶置換も３つになりました。

n 文字の置換は全部で $n!$ 通りありましたが、その中で**奇置換と偶置換が同数である**ことが知られています。

行列式編

04 行列式の定義

2次や3次の正方行列に対する行列式の定義は比較的簡単ですが、n次の正方行列に対する行列式の定義は非常に複雑です。今までに学習してきた置換の概念を用いて行列式の一般的な定義を学びましょう。

行列式の定義

行列式の定義は、置換の概念がふんだんに用いられた形になっています。

行列式の定義

n 次の正方行列 $A=[a_{ij}]$ について、行列式 $|A|$ は次式で定義される。

$$|A|=\sum_{\sigma\in S_n}\mathrm{sgn}(\sigma)a_{1\sigma(1)}a_{2\sigma(2)}\cdots a_{n\sigma(n)}$$

ただし S_n は n 文字の置換（全 $n!$ 通り）の集合である。

簡単に言えば、こんな感じ。

Step. 1　ある置換を用意します。

Step. 2　置換の上行を行番号に、下行を列番号に対応付けます。（i 行 $\sigma(i)$ 列成分を探す）

Step. 3　対応付けで特定された n 個の成分（ $a_{1\sigma(i)}\sim a_{n\sigma(n)}$ ）を掛け合わせます。

Step. 4　用意した置換の符号を掛け合わせます。（奇置換→マイナス／偶置換→プラスを付ける）

Step. 5　以上の作業を全ての置換に対して行います。

まだ分かりにくいと思うので、例を示します。

行列式を求める例

超シンプルに、2次の正方行列を例に挙げます。

$$A = \begin{pmatrix} a_{11} & a_{12} \\ a_{21} & a_{22} \end{pmatrix}$$

まずは全ての置換を列挙します。2文字の置換は $2! = 2$ 通り。次の二つです。

$$\sigma_1 = \begin{pmatrix} 1 & 2 \\ 1 & 2 \end{pmatrix}, \qquad \sigma_2 = \begin{pmatrix} 1 & 2 \\ 2 & 1 \end{pmatrix}$$

ここで、 σ_1 は偶置換、 σ_2 は奇置換ですので、両者の符号は次の通りです。

$$\mathrm{sgn}(\sigma_1) = 1, \qquad \mathrm{sgn}(\sigma_2) = -1$$

偶（奇）置換や、置換の符号については76 ページの「互換の求め方と置換の符号」をご覧あれ。

さて、行列式を求めていきましょう。置換 σ_1 から手をつけます。 σ_1 では、

$$\sigma(1) = 1, \qquad \sigma(2) = 2$$

ですので、1行1列成分の「 a_{11} 」と、2行2列成分の「 a_{22} 」を掛け合わせます。($a_{11}a_{22}$)。置換 σ_1 の符号は $\underline{1}$ なので、 $\underline{+a_{11}a_{22}}$ ですね。

次に置換 σ_2 を扱います。 σ_2 では、

$$\sigma(1) = 2, \qquad \sigma(2) = 1$$

でしたので、1行2列成分の「 a_{12} 」と、2行1列成分の「 a_{21} 」を掛け合わせます（ $a_{12}a_{21}$ ）。

置換 σ_2 の符号は $\underline{-1}$ なので、 $\underline{-a_{12}a_{21}}$ ですね。

以上から、

$$\begin{aligned} |A| &= \mathrm{sgn}(\sigma_1)a_{1\sigma_1(1)}a_{2\sigma_1(2)} + \mathrm{sgn}(\sigma_2)a_{1\sigma_2(1)}a_{2\sigma_2(2)} \\ &= a_{11}a_{22} - a_{12}a_{21} \end{aligned}$$

が導かれました。

これは68 ページの「行列式って何？」で扱った2次正方行列における行列式の定義と同じです。以前に与えた「公式」たちは、こういった複雑な定義に基づき導かれたものだったのです。

余力がある人は3次正方行列の行列式も導いてみましょう！ 76 ページの

「互換の求め方と置換の符号」で扱った例が役に立ちます！

行列式について押さえておくと捗ること

- **足し引きされる項の数は、全部で $n!$ 個**です。これは、置換の総数から明らかですね。
- **足す項と引く項は同数**です。これは、n 文字の置換の総パターンの中で、奇置換と偶置換が同数だからです。
- 足し引きされる項のそれぞれは、絶対に**「ある行から１つ」かつ「ある列から１つ」の成分を掛け算したものになって**います。つまり、同じ行または同じ列の２成分を掛け合わすことはありません（$a_{12}a_{22}$ みたいな項は現れない)。これは、これから扱う行列式の性質をイメージする上で重要です！！

行列式の性質

「行列式は非常に複雑な定義なのに、非常にシンプルな性質を数多く持ちます。性質の一つ一つに対して成立の根拠を大雑把ながら記しましたが、行列式に慣れていないと難解なものもあるので、ひとまず性質だけでも覚えてください。」

転置行列の行列式

行列 A の行と列を入れ替えた転置行列 ${}^tA$ の行列式は、元の行列式と同じです。

$$|{}^tA| = |A|$$

行と列を替えても行列式が同じということは、今後、行について述べた性質は、列についても言えることになります。 これは強力な性質です。

これが成り立つ理由は、次の３つのポイントを押さえると分かりやすいです。

ポイント１

$|{}^tA|$ の定義は、$|A|$ の定義の行と列を入れ替えたものなので、$|A|$ で用いられている置換の逆置換になります。

行列式の定義をおさらいしましょう。

行列式

$$|A| = \sum_{n\text{ 文字置換の全通り}} \mathrm{sgn}(\sigma) a_{1\sigma(1)} \cdots a_{n\sigma(n)}$$

ここで、$|{}^tA|$ は、とにかく「列と行が入れ替わったもの（→列番号と行番号を入れ替えたもの）」なので、

定義にある「 $a_{1\sigma(1)} \cdots a_{n\sigma(n)}$ 」の部分は、$|{}^tA|$ について言うときに「 $a_{\underline{\sigma(1)1}} \cdots a_{\underline{\sigma(n)n}}$ 」と改められます。

ここで、逆置換 σ^{-1} の定義より、

$$\begin{pmatrix} \sigma(1) & \cdots & \sigma(n) \\ 1 & \cdots & n \end{pmatrix} = \begin{pmatrix} 1 & \cdots & n \\ \sigma^{-1}(1) & \cdots & \sigma^{-1}(n) \end{pmatrix} = \sigma^{-1}$$

となることを思い出しましょう。

よって、「$a_{\sigma(1)1} \cdots a_{\sigma(n)n}$」は「$a_{1\sigma^{-1}(1)} \cdots a_{n\sigma^{-1}(n)}$」となるため、

$$|{}^tA| = \sum_{n\ \text{文字置換の全通り}} \mathrm{sgn}(\sigma^{-1}) a_{1\sigma^{-1}(1)} \cdots a_{n\sigma^{-1}(n)}$$

が言えます。

ポイント2

ある置換と、その逆置換は、同じ符号を持ちます（→置換から変換できる互換の個数の奇偶が一致します）。

これは簡単です！ $\mathrm{sgn}(\sigma)\mathrm{sgn}(\sigma^{-1}) = \mathrm{sgn}(\sigma\sigma^{-1}) = \mathrm{sgn}(\epsilon) = +1$ （ϵ は単位置換（偶置換なので符号は $+1$ ））より、次式が成り立ちます。

$$\mathrm{sgn}(\sigma) = \mathrm{sgn}(\sigma^{-1})$$

ポイント3

σ と、σ^{-1} は、共に n 文字の置換で、$1 \sim n$ の並び替えを扱っています。よって、定義に含まれる Σ で求められる置換の総パターンは、σ と、σ^{-1} で共通します。

以上から、$|{}^tA|$ の定義は、$|A|$ の定義に含まれる σ を σ^{-1} に変えただけであり、本質的には全く同じであるため、行列式が転置にしても同じことが分かります。

$$|{}^tA| = |A|$$

ある行をスカラー倍したときの行列式

行列 A のある行を λ 倍すると、その行列式はもとの λ 倍になります。

行列 A の i 行目を λ 倍した行列を A' とする。

すなわち、A の i 行目の行ベクトルを $\boldsymbol{a_i}$ と表したとき、

$$A' = \begin{pmatrix} \boldsymbol{a_1} \\ \vdots \\ \lambda \boldsymbol{a_i} \\ \vdots \\ \boldsymbol{a_n} \end{pmatrix}$$

について、次式が成立する。

$$|A'| = \lambda |A|$$

これも行列式の定義式を用いると簡単に示せます。

$$\begin{aligned} |A'| &= \sum_{\sigma \in S_n} \mathrm{sgn}(\sigma) a_{1\sigma(1)} \cdots \underline{\lambda a_{i\sigma(i)}} \cdots a_{n\sigma(n)} \\ &= \underline{\lambda} \sum_{\sigma \in S_n} \mathrm{sgn}(\sigma) a_{1\sigma(1)} \cdots \underline{a_{i\sigma(i)}} \cdots a_{n\sigma(n)} \\ &= \lambda |A| \end{aligned}$$

ちなみに、この性質より、**ある行の成分が全て 0 の行列は、その行列式が必ず 0 になります**。これは、$\lambda = 0$ を考えたときの場合に相当します。

ある行を分割したときの行列式

行列のある行を 2 数の足し算に分けたときの行列式の性質です。数式で表現した方が分かりやすいかもしれません。

行列Aの i 行目が $\boldsymbol{a_i} = \boldsymbol{b_i} + \boldsymbol{c_i}$ を満たすとき、すなわち

$$A = \begin{pmatrix} \boldsymbol{a_1} \\ \vdots \\ \boldsymbol{a_i} \\ \vdots \\ \boldsymbol{a_n} \end{pmatrix} = \begin{pmatrix} \boldsymbol{a_1} \\ \vdots \\ \boldsymbol{b_i} + \boldsymbol{c_i} \\ \vdots \\ \boldsymbol{a_n} \end{pmatrix}$$

が成り立つとき、A の i 行目をそれぞれ $\boldsymbol{b_j}$ と $\boldsymbol{c_j}$ に置き換えた2つの行列 B, C について、次式が成立する。

$$|A| = |B| + |C|$$

勘違いしやすいですが、**この問題の前提は** $A = B + C$ **でない**ことに注意！

これもまた行列式の定義から示せます。

$$\begin{aligned} |A| &= \sum_{\sigma \in S_n} \mathrm{sgn}(\sigma) a_{1\sigma(1)} \cdots \underline{(b_{i\sigma(i)} + c_{i\sigma(i)})} \cdots a_{n\sigma(n)} \\ &= \sum_{\sigma \in S_n} \mathrm{sgn}(\sigma) a_{1\sigma(1)} \cdots \underline{b_{i\sigma(i)}} \cdots a_{n\sigma(n)} \\ &\quad + \sum_{\sigma \in S_n} \mathrm{sgn}(\sigma) a_{1\sigma(1)} \cdots \underline{c_{i\sigma(i)}} \cdots a_{n\sigma(n)} \\ &= |B| + |C| \end{aligned}$$

ある行を入れ替えたときの行列式

2つの行を入れ替えたら、行列式の符号が反転します。

互いに t 行目と s 行目を入れ替えてできた2つの行列

$$A = \begin{pmatrix} \boldsymbol{a_1} \\ \vdots \\ \boldsymbol{a_s} \\ \vdots \\ \boldsymbol{a_t} \\ \vdots \\ \boldsymbol{a_n} \end{pmatrix}, \quad B = \begin{pmatrix} \boldsymbol{a_1} \\ \vdots \\ \boldsymbol{a_t} \\ \vdots \\ \boldsymbol{a_s} \\ \vdots \\ \boldsymbol{a_n} \end{pmatrix}$$

について、次式が成立する。

$$|A| = -|B|$$

元の行列の行列式に、次の置換が適用されているとします。

$$\sigma = \begin{pmatrix} 1 & \cdots & i & \cdots & j & \cdots & n \\ \sigma(1) & \cdots & \sigma(i) & \cdots & \sigma(j) & \cdots & \sigma(n) \end{pmatrix}$$

このとき、行を入れ替えた行列の行列式には、次の置換が適用されます。

$$\tau = \begin{pmatrix} 1 & \cdots & \underline{j} & \cdots & \underline{i} & \cdots & n \\ \sigma(1) & \cdots & \sigma(i) & \cdots & \sigma(j) & \cdots & \sigma(n) \end{pmatrix}$$

これは、元の置換 σ に互換 $(i\ j)$ を掛け合わせたもの（$\sigma' = \sigma(i\ j)$）ですので、置換を構成する互換の個数が 1 つ増え、結果として奇偶が入れ替わる（つまり符号が逆転する）ことになります。

2 つの行が等しいときの行列式

2 つの行が等しい行列は、その行列式が 0 になります。

次の行列について、$|A| = 0$ である。

$$A = \begin{pmatrix} \boldsymbol{a_1} \\ \vdots \\ \underline{\boldsymbol{a_i}} \\ \vdots \\ \underline{\boldsymbol{a_i}} \\ \vdots \\ \boldsymbol{a_n} \end{pmatrix}$$

これは、行列 A の中で**等しい 2 つの行を入れ替えた行列** A' について考えます。当然ながら、等しい 2 行を入れ替えても成分は変わらないので $A = A'$ です、よって $|A| = |A'|$ が成立します。一方で、先ほどの **2 つの行を入れ替えたら行列式の符号が反転する**性質より、$|A| = -|A'|$ が成立することも言えます。この 2 式から $|A'|$ を消去すると、$|A| = 0$ が導かれます。

行のスカラー倍を他の行に加えたときの行列式

ある行に他の行のスカラー倍を加えても、行列式に変化はありません。

2つの行列

$$A = \begin{pmatrix} \boldsymbol{a_1} \\ \vdots \\ \boldsymbol{a_i} \\ \vdots \\ \boldsymbol{a_j} \\ \vdots \\ \boldsymbol{a_n} \end{pmatrix}, \qquad B = \begin{pmatrix} \boldsymbol{a_1} \\ \vdots \\ \boldsymbol{a_i} \\ \vdots \\ \boldsymbol{a_j} + \lambda \boldsymbol{a_i} \\ \vdots \\ \boldsymbol{a_n} \end{pmatrix}$$

について、

$$|A| = |B|$$

が成立する。

これは今まで見てきた性質の合わせ技です。

行列 B の行列式は、次の2行列の行列式の和に等しいです。

$$C = \begin{pmatrix} \boldsymbol{a_1} \\ \vdots \\ \boldsymbol{a_i} \\ \vdots \\ \boldsymbol{a_j} \\ \vdots \\ \boldsymbol{a_n} \end{pmatrix}, \qquad C' = \begin{pmatrix} \boldsymbol{a_1} \\ \vdots \\ \boldsymbol{a_i} \\ \vdots \\ \lambda \boldsymbol{a_i} \\ \vdots \\ \boldsymbol{a_n} \end{pmatrix}$$

左側（C）は行列 A そのものですね。これより、$|B| = |A| + |C'|$ が成り立ちます。ここで、$|C'|$ の値を見ていきましょう。C' は j 行目が $\lambda \boldsymbol{a_i}$ なので、行列式で λ を括り出せそうです。

$$|C'| = \lambda |C''|$$

このとき、C'' は次の通りです。

$$C'' = \begin{pmatrix} \boldsymbol{a_1} \\ \vdots \\ \boldsymbol{a_i} \\ \vdots \\ \boldsymbol{a_i} \\ \vdots \\ \boldsymbol{a_n} \end{pmatrix}$$

この行列は 2 つの行が同じなので、行列式は 0。ゆえに、次式が成立します。

$$|B| = |A| + |C'| = |A| + \lambda|C''| = |A|$$

行列の積の行列式

行列の積の行列式はそれぞれの行列式の積と等しくなります。

2 つの行列 A, B について、次式が成立する。

$$|AB| = |A||B|$$

$|AB|$ を定義に従って求めようとすると、

$$|AB| = \sum_{\sigma \in S_n} \mathrm{sgn}(\sigma)(\sum_{k=1}^{n} a_{1k}b_{k\sigma(1)}) \cdots (\sum_{k=1}^{n} a_{nk}b_{k\sigma(n)})$$

なんて鬼面倒な式を計算しなければならないのですから、すごい発見です。しかし、この証明は長くて複雑なので本書では割愛します。

ちなみに、この定理を利用すれば、次の定理も見えます。

ある正則行列 A について、逆行列の行列式は、行列式の逆数に等しい。

$$|A^{-1}| = |A|^{-1}$$

行列式の定義は非常に複雑なのに、そこからは想像できないシンプルな性質を数多く持つのが、行列式の魅力の一つです。

行列式編
06 余因子と余因子展開

これから逆行列の求め方に迫ります。ある行列の逆行列を求める公式が存在しますが、それが成り立つ理由を説明する際、「余因子」というものを活用します。前半では余因子とは何かを解説し、後半では余因子を使った重要な等式である「余因子展開」に触れます。

余因子について

余因子ってなに？

簡単に言えば、**ある行列の行と列を1つずつカットして残った一回り小さい行列の行列式に、正負の符号を加えたもの**です。

$$A_{23} = -\begin{vmatrix} 3 & 4 & 1 & 2 \\ 7 & 5 & 6 & 7 \\ 8 & 6 & 7 & 5 \\ 1 & 3 & 2 & 2 \end{vmatrix} = -\begin{vmatrix} 3 & 4 & 2 \\ 8 & 6 & 5 \\ 1 & 3 & 2 \end{vmatrix} = 17$$

行
列
2+3＝奇数なのでマイナス
2行目
3列目

正方行列 A の i 行目と j 列目をカットして作る余因子を (i,j) **成分の余因子**といい、 A_{ij} と記します。

余因子の作り方

余因子の作り方を分かりやすく学ぶために、実際に一緒に作ってみましょう！例として、次の行列について $(2,3)$ 成分の余因子を求めます。

$$A = \begin{pmatrix} 1 & 2 & 3 \\ 4 & 5 & 6 \\ 7 & 8 & 9 \end{pmatrix}$$

Step. 1 **「2行目」と「3列目」を抜き去る**

$$\text{CUT}\blacktriangleright\begin{pmatrix} 1 & 2 & 3 \\ 4 & 5 & 6 \\ 7 & 8 & 9 \end{pmatrix} \Rightarrow \begin{pmatrix} 1 & 2 \\ 7 & 8 \end{pmatrix}$$

▲
CUT

Step. 2　**小行列の行列式を求める**

$$\begin{vmatrix} 1 & 2 \\ 7 & 8 \end{vmatrix} = 1 \times 8 - 2 \times 7 = -6$$

Step. 3　**行列式に符号をつける**

行番号と列番号の和が偶数ならば 1 を、奇数ならば -1 を掛け合わせます。今回の場合、 $2+3=5$ で奇数なので、 -1 を掛けます。

$$-6 \times -1 = 6$$

よって余因子 $A_{23} = 6$ です。余因子の計算はやや面倒ですが、ルール自体は割とシンプルです。

余因子の作り方 (一般化)

余因子の作り方を一般化して表すと次の通りです。

余因子の作り方

正方行列 A から (i,j) 成分の余因子 A_{ij} は次のように定義される。

Step. 1　行列 A から i **行**と j **列**を抜き去る。

Step. 2　その行列の行列式を計算する。(これを D_{ij} と書きます)

Step. 3　求めた行列式に対して、行番号と列番号の和が偶数ならば「プラス」を、奇数ならば「マイナス」をつけて完成！

$$A_{ij} = \begin{cases} D_{ij} & (i+j=\text{偶数}) \\ -D_{ij} & (i+j=\text{奇数}) \end{cases}$$

Step.3 の式は、次式のように簡潔に表せます。

$$A_{ij} = (-1)^{i+j} D_{ij}$$

また最後に加える符号は、成分の場所に応じて次のようになっています。これは覚えておくと便利です。

$$\begin{pmatrix} + & - & + & \cdots \\ - & + & - & \cdots \\ + & - & + & \cdots \\ \vdots & \vdots & \vdots & \ddots \end{pmatrix}$$

余因子展開

余因子が持つ重要な性質

(i,j) 成分の余因子 A_{ij} と、(i,j) 成分そのもの a_{ij} を掛け合わせた積 $a_{ij}A_{ij}$ を考えます。

この「成分×余因子」を、同じ行（または列）の全ての成分で足し合わせると、もとの行列 A の行列式と等しくなります。つまり、行列式は、「成分×余因子」同士の足し算の形に展開できるわけです。この展開を**余因子展開**といいます。

余因子展開

行列 A に対する (i,j) 成分の余因子を A_{ij} とする。

この時、行列 A のそれぞれの行について次式が成り立つ。

$$|A| = a_{i1}A_{i1} + a_{i2}A_{i2} + \cdots + a_{in}A_{in}$$

同じく、それぞれの列について次式が成り立つ。

$$|A| = a_{1j}A_{1j} + a_{2j}A_{2j} + \cdots + a_{nj}A_{nj}$$

この性質が成り立つ理由は、行列式の定義の式を利用することで説明できますが、複雑で話が長くなるため本書では割愛します。

余因子展開って何が嬉しい？

余因子展開は、複雑な計算を伴う性質です。よって、これを用いて行列式を求めることはほとんどありません（ただし、成分に0が多い行列を扱う時はこの限りではありません）。しかし、この性質は逆行列の公式を導く上で重要な役割を果たします。なので線形代数のほとんどの講義で取り上げられます。

初学者の方は、ひとまず**余因子展開は逆行列を求めるための前座**と捉えておけばOKです！

余因子展開の例

実際に余因子展開ができることを確かめてみましょう。

$$A = \begin{pmatrix} 1 & 2 & 3 \\ 4 & 5 & 6 \\ 7 & 8 & 9 \end{pmatrix}$$

今回は 2 行目の成分の余因子を用いた次の余因子展開の成立を確かめます。

$$|A| = a_{21}A_{21} + a_{22}A_{22} + a_{23}A_{23}$$

まずは、 $a_{21}A_{21} + a_{22}A_{22} + a_{23}A_{23}$ を計算します。

$$A_{21} = (-1)^{2+1} \begin{vmatrix} 2 & 3 \\ 8 & 9 \end{vmatrix} = 6$$

$$A_{22} = (-1)^{2+2} \begin{vmatrix} 1 & 3 \\ 7 & 9 \end{vmatrix} = -12$$

$$A_{23} = (-1)^{2+3} \begin{vmatrix} 1 & 2 \\ 7 & 8 \end{vmatrix} = 6$$

$$\begin{aligned} a_{21}A_{21} + a_{22}A_{22} + a_{23}A_{23} &= 4 \times 6 + 5 \times (-12) + 6 \times 6 \\ &= 0 \end{aligned}$$

これがもとの行列の行列式 $|A|$ と同じであることを示すため、 $|A|$ を頑張って計算します（途中式は無視して構いません）。

$$\begin{aligned} |A| = \ & 1 \times 5 \times 9 + 2 \times 6 \times 7 + 3 \times 4 \times 8 \\ & - 3 \times 5 \times 7 - 2 \times 4 \times 9 - 1 \times 6 \times 8 \\ = \ & 45 + 84 + 96 - 105 - 72 - 48 \\ = \ & 0 \end{aligned}$$

先ほどの結果と同じく「0」が導かれました。よって、もとの行列式と同じであること、つまり余因子展開が成立することが確かめられました。

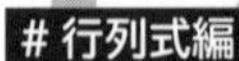

逆行列の求め方

余因子の考え方を使うことで、正則行列から逆行列を求める方法を記すことができます。逆行列を求める公式を示すとともに、行列が正則である条件を考えます。最後の方では今までに取り上げてきた逆行列の求め方をまとめています。

余因子から逆行列を求める

逆行列の公式

余因子を用いると、逆行列は次式で表されます。初見だとサッパリ分からないと思いますが、ご容赦ください。

逆行列の公式

正方行列 A が正則である（逆行列をもつ）とき、逆行列 A^{-1} は次式の通り表すことができる。

$$
\begin{aligned}
A^{-1} &= \frac{1}{|A|}{}^t[A_{ij}] \\
&= \frac{1}{|A|}\begin{pmatrix} A_{11} & A_{21} & \cdots & A_{n1} \\ A_{12} & A_{22} & \cdots & A_{n2} \\ \vdots & \vdots & \ddots & \vdots \\ A_{1n} & A_{2n} & \cdots & A_{nn} \end{pmatrix}
\end{aligned}
$$

ここで、A_{ij} は、i 行 j 列成分の余因子である。

余因子で構成されている行列が転置の形をしている、つまり行と列が反転している点に注意です！ i 行 j 列成分の余因子は、**j 行 i 列**に置きましょう。

この行列に A を掛け合わせてみましょう。$\frac{1}{|A|}$ は一旦置いておき、行列部分のみの積を考えます。この時、積の対角成分は、行列 A に対する余因子展開の形になります。その値はズバリ余因子の元になった行列 A の行列式 $|A|$ です。

一方で、対角でない成分は、「ある 2 つの行（or 列）が等しい行列」に対する余因子展開の形になります。この値は、「2 つの行（or 列）が等しい行列」の行列式となります。こうした行列の行列式は、83 ページの「行列式の性質」にある通り、0 になります。

よって、この行列に $\frac{1}{|A|}$ を掛け合わせると、単位行列 E になります。したがって、上に記した逆行列の公式がきちんと成立していることが分かります。

ちなみに、A を掛け合わせる順番について言及しませんでしたが、左右のどちらから掛け合わせても結果は単位行列になります（実際に確認してみよう！）。

行列が正則である条件

ここで、ある正方行列が正則である（つまり逆行列を持つ）条件に触れます。逆行列を持つか否かは、行列式の値を確認することで簡単に確かめられます。

行列が正則である条件

$$\text{正方行列 } A \text{ が正則である} \iff |A| \neq 0$$

つまり、行列式が 0 であるかを確かめることで、逆行列を持つかが簡単にわかります！理由は簡単です。

正則 ならば |A| ≠ 0

A が正則であるとき、A^{-1} が存在するので、83 ページの「行列式の性質」より、次式が成り立ちます。

$$|A||A^{-1}| = |AA^{-1}| = |E| = 1$$

2 つのスカラーの積が 0 でないということは、掛け合わせている 2 つの値は共に 0 でないので、$|A| \neq 0$ です。

|A| ≠ 0 ならば 正則

$|A|$ が 0 でないならば $\frac{1}{|A|}$ を定義できます。よって、先ほど出てきた行列 $\frac{1}{|A|}{}^t[A_{ij}]$ も定義できます。この行列を A の左右のどちらから掛け合わせても E が導かれます。

よって、逆行列を持つ、すなわち正則であると言えます。

逆行列を求めてみよう

次の逆行列を求めましょう！

$$A = \begin{pmatrix} 1 & 2 & 1 \\ 2 & 5 & 6 \\ 1 & 3 & 4 \end{pmatrix}$$

Step1: 行列式を求める

そもそもこの行列が逆行列を持つのか確かめるため、まずは行列式を求めましょう。どうせ後で余因子を全て求めることを見据えて、今回は、余因子展開を使って行列式を求めます。余因子展開の求め方は 90 ページの「余因子と余因子展開」をご覧ください。

1 行目の成分の余因子を全て求めてみました。

$$A_{11} = 2 \qquad A_{12} = -2 \qquad A_{13} = 1$$

これより、行列式は次式の通りです。

$$|A| = 1 \times 2 + 2 \times (-2) + 1 \times 1 = -1$$

ここで、$|A| \neq 0$ なので、A は逆行列を持つことがわかりました。

Step2: 余因子を求める

残り 6 つの余因子を全て求めます。これだけでも、逆行列を導く面倒さが感じられます。余因子を全て求めて、行列の形で値を表現しました。

$$\begin{pmatrix} A_{11} & A_{12} & A_{13} \\ A_{21} & A_{22} & A_{23} \\ A_{31} & A_{32} & A_{33} \end{pmatrix} = \begin{pmatrix} 2 & -2 & 1 \\ -5 & 3 & -1 \\ 7 & -4 & 1 \end{pmatrix}$$

Step3: 逆行列を求める

余因子を全て求める苦行を耐え抜いたら、逆行列は目前です。公式にしたがって成分を置きましょう。これで THE END です。

$$A^{-1} = \frac{1}{-1} \begin{pmatrix} 2 & -5 & 7 \\ -2 & 3 & -4 \\ 1 & -1 & 1 \end{pmatrix}$$

$$= \begin{pmatrix} -2 & 5 & -7 \\ 2 & -3 & 4 \\ -1 & 1 & -1 \end{pmatrix}$$

逆行列を求める２つの方法

これまでに逆行列の求め方を２つ紹介しました。

逆行列の求め方２つ

１つ目：行基本操作で単位行列を作る

ある行列 A と単位行列 E を左右に繋げた横長の行列 $(A\ E)$ に対して行基本操作を繰り返し、左半分が単位行列になったら（$(E\ P)$ の形になったら)、右半分 P が逆行列です。

これは、行基本操作を経る過程で左半分に全部０の行が現れたりして、単位行列を作れないシチュエーションになった時点で逆行列を持たないことが分かります。詳しくは 44 ページの「連立方程式と正則行列の関係」をご覧ください。

２つ目：逆行列の公式に当てはめる

今回扱った、余因子を使う方法です。

$$A^{-1} = \frac{1}{|A|}{}^t[A_{ij}]$$

どちらの方法を用いてもきちんと逆行列（と逆行列の有無）が分かりますので、好みに合わせて方法を選んでください。

ちなみに、どちらの方法も**行列の次数の３乗に比例して計算量が増える**と言われています。サイズが大きくなると猛烈に計算が面倒になるのが行列あるあるです。

逆行列の成分が全て整数のとき

余談ですが、行列の問題を解くときに少し役立つ性質があります。

行列式が 1 または -1 のどちらかである $\Longleftrightarrow$ 逆行列の成分が全て整数

証明は割愛しますが、比較的簡単です。この性質を逆に言えば、行列式が ± 1 以外の値ならば、成分に分数が含まれることになるということ。逆行列の計算ミスの確認などにお使いください。

08

行列式編

クラメルの公式

逆行列を利用することで、連立方程式の解を求められますが、解の求め方として行列式を用いる方法も存在します。今回は、連立方程式の解を行列式で表す「クラメルの公式」という綺麗な見た目の公式を紹介します。

クラメルの公式とは

これは、連立方程式の解の求め方をシンプルに書ける定理です。

クラメルの公式

連立方程式 $A\boldsymbol{x} = \boldsymbol{b}$ について、その解 $\boldsymbol{x}$ の第 i 成分を x_i とする。このとき、次式が成立する。

$$x_i = \frac{|A_i|}{|A|}$$

ここで、A_i は、行列 A の i 列目を $\boldsymbol{b}$ に置き換えた行列である。

このように、連立方程式の解は、2つの行列の行列式の割り算で表現できます。これが成り立つ理由は、逆行列の公式を利用することで確かめられます。

$$\begin{aligned}\boldsymbol{x} &= A^{-1}\boldsymbol{b} \\ &= \frac{1}{|A|}\begin{pmatrix} A_{11} & A_{21} & \cdots & A_{n1} \\ A_{12} & A_{22} & \cdots & A_{n2} \\ \vdots & \vdots & \ddots & \vdots \\ A_{1n} & A_{2n} & \cdots & A_{nn} \end{pmatrix}\begin{pmatrix} b_1 \\ b_2 \\ \vdots \\ b_n \end{pmatrix}\end{aligned}$$

ここで、掛け算の定義などから、$\boldsymbol{x}$ の i 行目の成分は次のように表されます。

$$x_i = \frac{1}{|A|}(\underline{A_{1i}b_1 + \cdots + A_{ni}b_n})$$

この式の下線部に余因子展開の臭いを感じますね。実は、**下線部は、行列 A の i 列目を $\boldsymbol{b}$ に置き換えた行列の、i 列成分に対する余因子展開**に一致します。つまり、下線部の値は上の公式における「A_i」の行列式 $|A_i|$ になります。

よって、クラメルの公式が導かれました。

$$x_i = \frac{1}{|A|}|A_i| = \frac{|A_i|}{|A|}$$

一緒に例題を解こう

次の連立方程式の解を求めましょう。

$$\begin{cases} 2x_1 - 2x_2 + 3x_3 = 7 \\ 3x_1 + 2x_2 - 4x_3 = -5 \\ 4x_1 - 3x_2 + 2x_3 = 4 \end{cases}$$

Step1: 行列で表す

行列を用いた式に変換すると次の通り。これを用いて解を求めます。

$$A = \begin{pmatrix} 2 & -2 & 3 \\ 3 & 2 & -4 \\ 4 & -3 & 2 \end{pmatrix} \qquad \boldsymbol{b} = \begin{pmatrix} 7 \\ -5 \\ 4 \end{pmatrix}$$

ついでに、A_1～A_3 も求めておきます。

$$A_1 = \begin{pmatrix} 7 & -2 & 3 \\ -5 & 2 & -4 \\ 4 & -3 & 2 \end{pmatrix} \quad A_2 = \begin{pmatrix} 2 & 7 & 3 \\ 3 & -5 & -4 \\ 4 & 4 & 2 \end{pmatrix} \quad A_3 = \begin{pmatrix} 2 & -2 & 7 \\ 3 & 2 & -5 \\ 4 & -3 & 4 \end{pmatrix}$$

Step2: 行列式を求める

さて、行列式を求めましょう。ここでは導く過程を省略して、結果だけを記しておきます（行列式を４個も求めているくらいなので計算量は多いです）。

$$|A| = -23 \quad |A_1| = -23 \quad |A_2| = -46 \quad |A_3| = -69$$

Step3: 解を求める

あとは割り算をするだけです。

$$x_1 = \frac{|A_1|}{|A|} = \frac{-23}{-23} = 1$$

$$x_2 = \frac{|A_2|}{|A|} = \frac{-46}{-23} = 2$$

$$x_3 = \frac{|A_3|}{|A|} = \frac{-69}{-23} = 3$$

以上で解が求まりました。

$$\boldsymbol{x} = \begin{pmatrix} 1 \\ 2 \\ 3 \end{pmatrix}$$

実際に連立方程式へ解を代入すると、式の成立を確かめられます。

これって便利なの？

クラメルの公式は、式の形こそシンプルで美しいですが、n 次正方行列の行列式をたくさん求める必要があるため、次数が多いと莫大な計算量になります。

実際に問題を解く場合は、特別な指定がない場合、シンプルに30 ページの「連立方程式の解法「消去法」」などを用いることをお勧めします。

09

行列式編

連立方程式の解と行列式

連立方程式の解について、対応する行列の行列式と紐付けながら考えていきます。両者に関する一連の議論を通じて、連立方程式と行列の間にある関係の深さを改めて実感することができます。

行列式 × 連立方程式の解

ここでは、連立方程式の係数行列を扱います。しかし、行列式は正方行列にしか定義できないので、係数行列を無理やり正方行列にした上で扱います。つまり、式の数と変数の数が異なるときは、数の多い方に合わせて、足りない部分に 0 を補い正方行列の形にします。

Ax=b について

連立 1 次方程式 $A\boldsymbol{x} = \boldsymbol{b}$ が 1 組しか解を持たないことは、A が正則であること、すなわち A^{-1} が存在することと同値でした（詳細は 44 ページの「連立方程式と正則行列の関係」参照）。そして、A が正則であることは、行列式 $|A|$ が 0 **でない**ことと同値でもありました（詳細は 94 ページの「逆行列の求め方」を参照）。これらから、次のことが言えます。

$$\text{連立 1 次方程式 } A\boldsymbol{x} = \boldsymbol{b} \text{ の解が 1 組のみ} \iff |A| \neq 0$$

つまり、連立方程式の係数行列に対して、その行列式の値を求めることで解が 1 組か否かが判るわけです。

行列式 $|A|$ が 0 である場合、解の組数は次の二択になります。

- 解の組が無数にある（不定）
- 解の組が存在しない（不能）

Ax=o について

先ほどよりも限定的な場合について考えましょう。結論から先に言うと、同次連立 1 次方程式の場合は、**行列式の値から、解が 1 組なのか、はたまた無数なのかが判ります。**

同次形の連立 1 次方程式についても先ほどの理論が当てはまるので、解が 1 組であることと、$|A| \neq 0$ であることは同値です。

ここで、同次形の連立 1 次方程式は自明解 $\boldsymbol{x} = \boldsymbol{o}$ を必ず持つことを踏まえると、同次形の連立 1 次方程式と行列式の関係について、自明解の観点から次のことが言えます。

同次形の連立 1 次方程式 $A\boldsymbol{x} = \boldsymbol{o}$ が自明解しか持たない $\iff |A| \neq 0$

絶対に $\boldsymbol{x} = \boldsymbol{o}$ を解として持つ性質より、$|A| = 0$ の場合の可能性について、一般的な連立 1 次方程式と異なり、解が存在しない可能性を排除できるので、解の組が無数にある場合しか存在しないことになります。

よって、次のことも成り立ちます。

同次形の連立 1 次方程式 $A\boldsymbol{x} = \boldsymbol{o}$ が**非自明解**を持つ $\iff |A| = 0$

QUESTION

[章末問題]

Q1 次の行列の行列式を求めよ。

① $\begin{pmatrix} 1 & 0 \\ 0 & 1 \end{pmatrix}$　② $\begin{pmatrix} 3 & 1 \\ 6 & 2 \end{pmatrix}$　③ $\begin{pmatrix} 1 & 2 & 3 \\ 4 & 5 & 6 \\ 7 & 8 & 9 \end{pmatrix}$

Q2 次の置換の積を求めよ。

① $\begin{pmatrix} 1 & 2 & 3 \\ 3 & 1 & 2 \end{pmatrix}\begin{pmatrix} 1 & 2 & 3 \\ 2 & 3 & 1 \end{pmatrix}$　② $\begin{pmatrix} 1 & 2 & 3 & 4 \\ 4 & 3 & 2 & 1 \end{pmatrix}\begin{pmatrix} 1 & 2 & 3 \\ 3 & 2 & 1 \end{pmatrix}$

Q3 次の置換の符号を求めよ。

① $\begin{pmatrix} 1 & 2 & 3 \\ 3 & 1 & 2 \end{pmatrix}$　② $\begin{pmatrix} 1 & 2 & 3 & 4 \\ 3 & 4 & 2 & 1 \end{pmatrix}$

Q4 次の行列の行列式を余因子展開を用いて求めよ。

$$\begin{pmatrix} 1 & 4 & 0 & 2 \\ 2 & 0 & 1 & 0 \\ 1 & -3 & 1 & 2 \\ 0 & 1 & 1 & -1 \end{pmatrix}$$

Q5 次の行列の逆行列を求めよ。
ただし、逆行列が定義されない時は「定義なし」と答えよ。

① $\begin{pmatrix} 1 & 0 \\ 2 & 1 \end{pmatrix}$　② $\begin{pmatrix} 1 & 3 & 0 \\ 2 & 4 & 1 \\ 3 & 2 & 4 \end{pmatrix}$　③ $\begin{pmatrix} 1 & 2 & 3 \\ 4 & 5 & 6 \\ 7 & 8 & 9 \end{pmatrix}$

ANSWER

[解答解説]

Q1 次の行列を階段行列に変形して階数を求めよ。

① $\begin{vmatrix} 1 & 0 \\ 0 & 1 \end{vmatrix} = 1 \times 1 - 0 \times 0 = 1$

② $\begin{vmatrix} 3 & 1 \\ 6 & 2 \end{vmatrix} = 3 \times 2 - 1 \times 6 = 0$

③ $\begin{vmatrix} 1 & 2 & 3 \\ 4 & 5 & 6 \\ 7 & 8 & 9 \end{vmatrix} = 1{\times}5{\times}9 + 2{\times}6{\times}7 + 3{\times}4{\times}8 - 3{\times}5{\times}7 - 2{\times}4{\times}9 - 1{\times}6{\times}8$

$= 45 + 84 + 96 - 105 - 72 - 48 = 0$

Q2 次の置換の積を求めよ。

① $\begin{pmatrix} 1 & 2 & 3 \\ 3 & 1 & 2 \end{pmatrix} \begin{pmatrix} 1 & 2 & 3 \\ 2 & 3 & 1 \end{pmatrix} = \underline{\begin{pmatrix} 1 & 2 & 3 \\ 1 & 2 & 3 \end{pmatrix}}$

② $\begin{pmatrix} 1 & 2 & 3 & 4 \\ 4 & 3 & 2 & 1 \end{pmatrix} \begin{pmatrix} 1 & 2 & 3 \\ 3 & 2 & 1 \end{pmatrix} = \underline{\begin{pmatrix} 1 & 2 & 3 & 4 \\ 2 & 3 & 4 & 1 \end{pmatrix}}$

Q3 次の置換の符号を求めよ。

① $\begin{pmatrix} 1 & 2 & 3 \\ 3 & 1 & 2 \end{pmatrix} = \begin{pmatrix} 1 & 3 \end{pmatrix} \begin{pmatrix} 2 & 3 \end{pmatrix}$　偶数個の積なので、**プラス**

② $\begin{pmatrix} 1 & 2 & 3 & 4 \\ 3 & 4 & 2 & 1 \end{pmatrix} = \begin{pmatrix} 1 & 4 \end{pmatrix} \begin{pmatrix} 2 & 3 \end{pmatrix} \begin{pmatrix} 1 & 2 \end{pmatrix}$　奇数個の積なので、**マイナス**

Q4 次の行列の行列式を余因子展開を用いて求めよ。

0が多い行（または列）を選ぶのが、計算量を減らすコツ。

$$\begin{pmatrix} 1 & 4 & 0 & 2 \\ 2 & 0 & 1 & 0 \\ 1 & -3 & 1 & 2 \\ 0 & 1 & 1 & -1 \end{pmatrix}$$

0が2つあり最多

$$\begin{vmatrix}1&4&0&2\\2&0&1&0\\1&-3&1&2\\0&1&1&-1\end{vmatrix} = (-1)^{2+1}\times 2\times\begin{vmatrix}4&0&2\\-3&1&2\\1&1&-1\end{vmatrix} + (-1)^{2+3}\times 1\times\begin{vmatrix}1&4&2\\1&-3&2\\0&1&-1\end{vmatrix}$$

$$= -2\times(-20) - 1\times 7 = \underline{33}$$

成分が0の項は
記述を省略した

Q5 **次の行列の逆行列を求めよ。**
ただし、逆行列が定義されない時は「定義なし」と答えよ。

A_{ij} は余因子とする。

① $|A| = \begin{vmatrix}1&0\\2&1\end{vmatrix} = 1$

$A_{11} = \ |1| = 1$ | $A_{21} = -|0| = 0$

$A_{12} = -|2| = -2$ | $A_{22} = \ |1| = 1$

を用いて、$\begin{pmatrix}1&0\\2&1\end{pmatrix}^{-1} = \dfrac{1}{|A|}\begin{pmatrix}A_{11}&A_{21}\\A_{12}&A_{22}\end{pmatrix} = \dfrac{1}{1}\begin{pmatrix}1&0\\-2&1\end{pmatrix} = \underline{\begin{pmatrix}1&0\\-2&1\end{pmatrix}}$

② $|A| = \begin{vmatrix}1&3&0\\2&4&1\\3&2&4\end{vmatrix} = -1$

$A_{11} = \begin{vmatrix}4&1\\2&4\end{vmatrix} = 14$ | $A_{12} = -\begin{vmatrix}2&1\\3&4\end{vmatrix} = -5$ | $A_{13} = \begin{vmatrix}2&4\\3&2\end{vmatrix} = -8$

$A_{21} = -\begin{vmatrix}3&0\\2&4\end{vmatrix} = -12$ | $A_{22} = \begin{vmatrix}1&0\\3&4\end{vmatrix} = 4$ | $A_{23} = -\begin{vmatrix}1&3\\3&2\end{vmatrix} = 7$

$A_{31} = \begin{vmatrix}3&0\\4&1\end{vmatrix} = 3$ | $A_{32} = -\begin{vmatrix}1&0\\2&1\end{vmatrix} = -1$ | $A_{33} = \begin{vmatrix}1&3\\2&4\end{vmatrix} = -2$

を用いて、$\begin{pmatrix}1&3&0\\2&4&1\\3&2&4\end{pmatrix}^{-1} = \dfrac{1}{|A|}\begin{pmatrix}A_{11}&A_{21}&A_{31}\\A_{12}&A_{22}&A_{32}\\A_{13}&A_{23}&A_{33}\end{pmatrix}$

$$= \frac{1}{-1}\begin{pmatrix}14&-12&3\\-5&4&-1\\-8&7&-2\end{pmatrix} = \underline{\begin{pmatrix}-14&12&-3\\5&-4&1\\8&-7&2\end{pmatrix}}$$

③ $\begin{vmatrix}1&2&3\\4&5&6\\7&8&9\end{vmatrix} = 0$ なので、定義なし。

04

空間ベクトル編

高校でベクトルを習ったとき、ベクトルは「平面や空間を走る矢印」でした。線形代数ではベクトルを一直線に並んだ数字の並びとして扱っていますが、ベクトルを平面や空間と絡めるとその性質を直感的に理解できるため、高校ではこのような限定的な例を取り上げて教えているのです。ここでは「ベクトル×空間」をテーマに掲げて、高校で習ったことの復習も兼ねながら、ベクトルがもつ幾何学的な意味を学びます。

01

#空間ベクトル編

高校数学のベクトル基礎＋α

高校数学では、平面や空間におけるベクトルの考え方を学習しました。ここでは、ベクトルとは何かから、特別なベクトルの存在、ベクトルの演算方法まで、高校で学習した基本的な内容を復習します。

ベクトルの基本

ベクトルとは

平面 or 空間におけるベクトルとは、次のような量を言います。

ベクトル

「向き」と「長さ（大きさ）」をもつ量のこと。

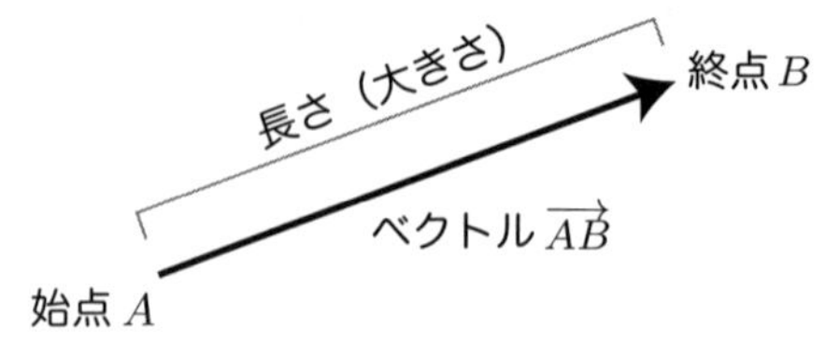

単なる大きさだけなら**スカラー**といいます。スカラーに「向き」という新しい情報が加えられることでベクトルになります。

ベクトルは、向きと長さ以外の情報、例えば「位置」などの情報を含みません。そのため、向きと長さされ同じならば、矢印が平面上・空間上のどこから伸びてようが同じベクトルとして扱います。

ちなみに、ベクトル $\boldsymbol{a}$ の長さ（大きさ）は「$|\boldsymbol{a}|$」という風に表現します。$|\boldsymbol{a}|$ はスカラーですので、「1」「4.5」みたいな値を取ります。

零ベクトルと単位ベクトル

長さが「1」のベクトルを**単位ベクトル**といいます。どの向きを向いていても、長さが 1 ならば単位ベクトルです。

そして、長さが「0」のベクトルを**零ベクトル**といいます。長さが 0 ということは、ベクトルの始点と終点が重なっていることを表します。この時、ベクトルにこれといった向きはありません。零ベクトルは、単位ベクトルと違って「向きなし、長さ0」という**唯一**のベクトルです。これを「$\boldsymbol{o}$」という記号で表します。

ベクトルの計算

ベクトルの足し算

2つのベクトルを足す方法は、足されるベクトル（＋の前にある方）の終点と、足すベクトル（＋の後ろ）の始点を繋げて、前者の始点から後者の終点へベクトルを伸ばすというやり方です。

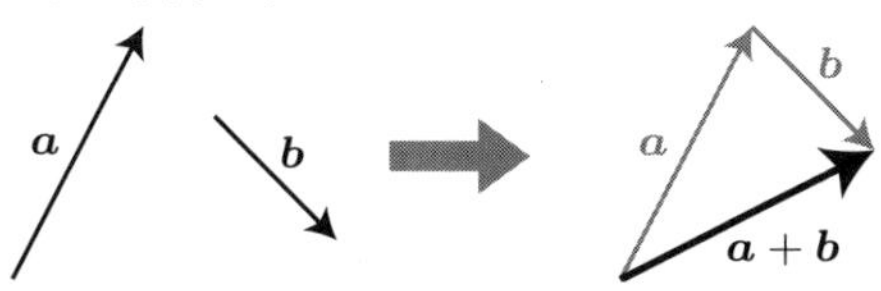

ちなみに、零ベクトルを加えても、結果は変わりません（零ベクトルは始点と終点が同じだから）。

$$\boldsymbol{o}+\boldsymbol{a}=\boldsymbol{a}$$
$$\boldsymbol{a}+\boldsymbol{o}=\boldsymbol{a}$$

ベクトルの引き算

2つのベクトルの引き算は、**マイナス付きの足し算**と捉えます。

ベクトルを「マイナス」すると、元のベクトルの始点と終点が入れ替わります(矢印の向きが逆になる)。ですので、引くベクトル（−の後ろ）の向きを逆転して、足し算しましょう。

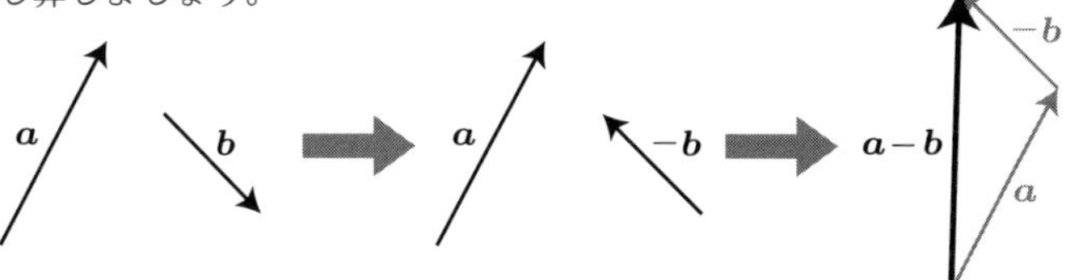

ベクトルのスカラー倍

ベクトルにスカラーを掛けることができます。そうすると、ベクトルの向きは変わらず、長さだけが掛け算されます。ただし大きさがマイナスになったら、向きは反対になります。

例えば、長さ 5 のベクトル $\boldsymbol{a}$ に 10 を掛けると、ベクトルは $\mathbf{10}\boldsymbol{a}$ と表され、$\mathbf{10}\boldsymbol{a}$ の大きさ（$|\mathbf{10}\boldsymbol{a}|$）は $5 \times 10=50$ となります。

ちなみに、ベクトル $\boldsymbol{a}$ に対して、その長さ $|\boldsymbol{a}|$ の逆数 $\frac{1}{|\boldsymbol{a}|}$ をスカラー倍した $\frac{1}{|\boldsymbol{a}|}\boldsymbol{a}$ の長さは、当然ながら 1 です。よって、$\frac{1}{|\boldsymbol{a}|}\boldsymbol{a}$ は**単位ベクトル**です。この事実は今後も登場します。

ベクトルの計算上の性質

ベクトルの足し算（引き算）やスカラー倍の計算には次の性質があります。

足し算の性質

まず、足す順序は答えに影響しません。

$$\boldsymbol{a}+\boldsymbol{b}=\boldsymbol{b}+\boldsymbol{a}$$

そして、3 つの足し算が並んだ時、前の 2 つから足そうが、後ろ 2 つから足そうが結果は変わりません。

$$(\boldsymbol{a}+\boldsymbol{b})+\boldsymbol{c}=\boldsymbol{a}+(\boldsymbol{b}+\boldsymbol{c})$$

一般的に、足し算は「2 つを足す」ことしか定義されていないので、3 つの足し算は、2 つの足し算の繰り返しになります。そのような時に、足し合わせる順番が結果に影響しないというのは、計算する上で考えなければいけないことが減る点でありがたいです。

また、あるベクトルと、その逆ベクトル（逆向きのベクトル）を足し合わせると、零ベクトルになります。

$$\boldsymbol{a}+(-\boldsymbol{a})=\boldsymbol{o}$$

要は、実際に足して見ると分かりますが、結局戻ってくるので、始点と終点が一緒になって零ベクトルとなります。

スカラー倍の性質

まず、スカラーを最初に全部掛けた上でベクトルにドカっとスカラー倍しようが、ベクトルに対して次々にスカラー倍しようが、結果は変わりません。

$$(\lambda\mu)\boldsymbol{a} = \lambda(\mu\boldsymbol{a})$$

次に、「ベクトルの」分配法則が成り立ちます。「和」をスカラー倍しても、スカラー倍した2つのベクトルを足しても、結果は変わらないということです。スカラー同士の計算でも、ベクトル同士の計算でも結果が同じってことを言いたいわけです。

$$(\lambda + \mu)\boldsymbol{a} = \lambda\boldsymbol{a} + \mu\boldsymbol{a}$$

今度は、「スカラーの」分配法則です。「ベクトルの和」をスカラー倍しても、スカラー倍したベクトル同士を足し合わせても結果が同じということです。

$$\lambda(\boldsymbol{a} + \boldsymbol{b}) = \lambda\boldsymbol{a} + \lambda\boldsymbol{b}$$

そして、1をスカラー倍してもベクトルは変わりません。なぜなら、ベクトルの長さに1を掛けても、長さはそのままだからです。

$$1\boldsymbol{a} = \boldsymbol{a}$$

02

#空間ベクトル編

内積と外積

高校で学習したベクトルの「内積」を復習して、大学数学で新しく登場する「外積」というものに触れます。外積は、数学だけでなく力学などの物理分野でも登場します。理系学生としてしっかり理解しておきましょう。

ベクトルの内積

内積の定義

内積とは、2つのベクトル $\boldsymbol{a}$ と $\boldsymbol{b}$ について、2つの始点をくっつけた時にできる角度（$\boldsymbol{a}$，$\boldsymbol{b}$ の**なす角**といいます）を θ とした時に、「$|\boldsymbol{a}||\boldsymbol{b}|\cos\theta$」で表される値（スカラー）のことをいいます。内積は、「$(\boldsymbol{a},\boldsymbol{b})$」や「$\boldsymbol{a}\cdot\boldsymbol{b}$」という風に記します。

ベクトルの内積

$$(\boldsymbol{a},\boldsymbol{b}) = |\boldsymbol{a}||\boldsymbol{b}|\cos\theta$$

簡単に言えば、「2つのベクトルの長さの掛け算」×「2つのベクトルのなす角の cos」です。

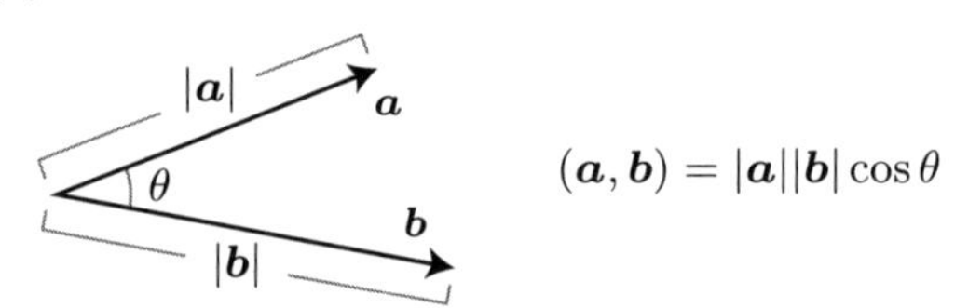

零ベクトルを含む内積

零ベクトルには向きがないので、「なす角」を考えることができません。そこで、零ベクトルを含む内積を考えるときは、零ベクトルの長さが「0」であることに着目して、その結果が必ず0になるように定義します。

$$(\boldsymbol{a},\boldsymbol{o}) = (\boldsymbol{o},\boldsymbol{a}) = (\boldsymbol{o},\boldsymbol{o}) = 0$$

同じベクトルの内積

同じベクトルは、当然ながら向きが揃っているので、なす角が「0」となります。 $\cos 0 = 1$ ですので、同じベクトルの内積は長さの 2 乗です。

$$(\boldsymbol{a}, \boldsymbol{a}) = |\boldsymbol{a}||\boldsymbol{a}| \cos 0 = |\boldsymbol{a}|^2$$

同じベクトルの内積は、 $\boldsymbol{a}$ が零ベクトルの時を除いて、必ず正の値です。

内積の性質

内積は、掛け合わせる順序が結果に影響を与えません。順序を入れ替えたところで、なす角の大きさも、両者の長さも変わらないからです。

$$(\boldsymbol{a}, \boldsymbol{b}) = (\boldsymbol{b}, \boldsymbol{a})$$

また、内積にも分配法則のような性質があります。

$$(\boldsymbol{a}, \boldsymbol{b} + \boldsymbol{c}) = (\boldsymbol{a}, \boldsymbol{b}) + (\boldsymbol{a}, \boldsymbol{c})$$

ベクトルをスカラー倍したもので内積を取ろうが、内積を取ってからスカラー倍しようが結果は変わりません。

$$(\lambda \boldsymbol{a}, \boldsymbol{b}) = \lambda (\boldsymbol{a}, \boldsymbol{b})$$

零ベクトルでないもの同士の内積を取って、その値が 0 であることと、両者が直角に交わっていることは同値です。

$\boldsymbol{a}$ と $\boldsymbol{b}$ が共に零ベクトルでない時、

$(\boldsymbol{a}, \boldsymbol{b}) = 0 \Longleftrightarrow \boldsymbol{a}$ と $\boldsymbol{b}$ は直交している。

なす角が 90 度ならば、 $\cos 90 = 0$ であることから、ベクトルの長さが 0 でない限り内積 0 と同値ですよね。

ベクトルの外積

内積があれば外積もあります。これは、大学で初めて登場する概念です。

外積の定義

外積は内積よりも少し複雑です。簡単にいうならばこんな感じ。

外積とは

2つのベクトル $\boldsymbol{a}$ と $\boldsymbol{b}$ の外積を「 $\boldsymbol{a}\times\boldsymbol{b}$ 」と記す。外積は、内積と異なり「大きさ」と「向き」を持つベクトルである。

$\boldsymbol{a}$ と $\boldsymbol{b}$ がともに零ベクトルでなく、かつ、同じ向きでも逆向きでもない（つまりなす角が0度でも180度でもない）とき、$\boldsymbol{a}\times\boldsymbol{b}$ の向きと長さはそれぞれ次のように定義される。

向き

ベクトル $\boldsymbol{a}$ を、なす角の方向に回転させて、ベクトル $\boldsymbol{b}$ に重ねる時、それを右ねじに見立てた時にネジが進む方向。

長さ

ベクトル $\boldsymbol{a}$ と $\boldsymbol{b}$ を隣り合う2辺とする平行四辺形の面積。

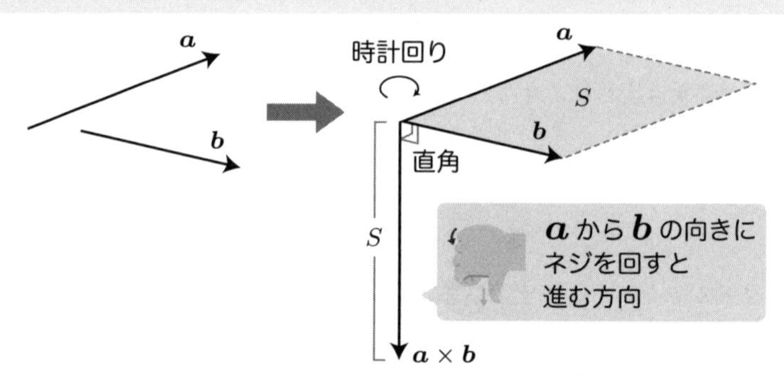

何度も言いますが、外積は、内積と違って「向き」の情報も含む「ベクトル」です。初めて学習する時に忘れがちなので注意してください。

外積の向きは、「右ねじの法則」のような感じで決まります。一般的なネジは、時計回りに回転させると、穴にめり込んでいきます。外積もこれと同じで、 $\boldsymbol{a}$ から $\boldsymbol{b}$ に向かって回す時に、ネジの先端が進む方向を外積の向きとします。

同方向（または逆方向）を向く２ベクトルの外積

同じ方向を向く２つのベクトルの組み合わせだと、平行四辺形が出来上がりません（つまり面積がゼロ)。よって、このような組み合わせで外積を取ると、大きさがゼロの**零ベクトル**となります。

逆方向を向く２つのベクトルについても、平行四辺形が出来上がらないので、外積は零ベクトルです。

零ベクトルが含まれる外積

そのような外積は**零ベクトル**です。平行四辺形が出来上がらないからです。

外積の性質

順序を入れ替えると、外積の向きが逆になります。右ねじの向きで外積の方向が決まる中で、「回転の向き」が逆転するからです。

$$\boldsymbol{a} \times \boldsymbol{b} = -\boldsymbol{b} \times \boldsymbol{a}$$

スカラー倍は、外積に対して行っても、外積の計算前にどちらかのベクトルに対して行っても結果は変わりません。どちらかのベクトルをスカラー倍したら、平行四辺形の面積もスカラー倍になるからです。

$$(\lambda \boldsymbol{a}) \times \boldsymbol{b} = \boldsymbol{a} \times (\lambda \boldsymbol{b}) = \lambda \boldsymbol{a} \times \boldsymbol{b}$$

外積でも分配法則が成り立ちます。これの理由を説明するのは内積と同じく話が長くなるので、本書では割愛します。(一部の例における成立を確かめる問題を章末問題に用意しています)

$$\boldsymbol{a} \times (\boldsymbol{b} + \boldsymbol{c}) = \boldsymbol{a} \times \boldsymbol{b} + \boldsymbol{a} \times \boldsymbol{c}$$

03

#空間ベクトル編

3次元の位置ベクトルと座標系

今までとは打って変わって「座標×ベクトル」をテーマに掲げ、馴染み深い3次元座標をベクトルを使って表現する方法を学習します。空間座標を絡めた応用もできるベクトルの汎用性の高さを実感できます。

原点と位置ベクトル

3次元空間について色々考えるとき、ある点の**位置**を確実な方法で表現したくなります。しかし、何もない空間の中で、位置を表現するのは簡単ではありません。これはまるで、空虚な宇宙空間の中で地球がどこにあるのか厳密に説明できないようなものです。数学では、そのような問題に対して、**位置表現の基点を設定する**という解決策を見出しました。絶対に動かない点（**原点**O）を勝手に定めて、全ての点を原点Oからの相対的な位置で表現するのです。

ベクトルを3次元空間に持ち込むと、「ある点P」の位置を、基点Oから点Pへ伸びるベクトル$\overrightarrow{OP}$で表現できます。ある点の位置を表現するベクトルを**位置ベクトル**といいます。

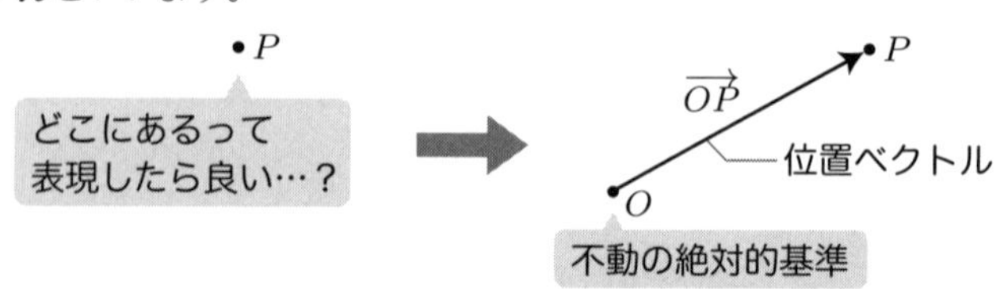

位置ベクトルは、ある原点から**どの向き**に**どの長さ**進めば特定の位置に到着するかを表します。普通のベクトルと同じく向きと長さの情報しか持ちませんが、原点という絶対的な基準と組み合わせることで、位置を示す役割をしっかり果たします。

全部の点を何本かのベクトルで表したい！（基本ベクトル）

これで、3次元空間上にある全ての点の位置を「原点＋１本のベクトル」で表現できるようになりました。しかし、これではまだまだ不便です。というのも、複数の位置同士を比較するのが難しいからです。

異なる位置にある点にそれぞれ対応する位置ベクトルは、向きも長さも様々。これをより画一的な方法で簡単に書くことができれば、もっと便利です。

その方法の１つに、**全ての点の位置を、少ないベクトルの一次結合（和とスカラー倍の組み合わせ）で表現する**方法があります。つまり、あらかじめ数本のベクトル $\vec{a}, \vec{b}, \vec{c}$ を用意しておいて、空間内の全ての点の位置ベクトルをそのベクトルの一次結合 $x\vec{a} + y\vec{b} + z\vec{c}$ で表現するのです。そうすると、スカラー倍の係数に当たる３つの実数 (x, y, z) の組み合わせだけで位置を表現できます。

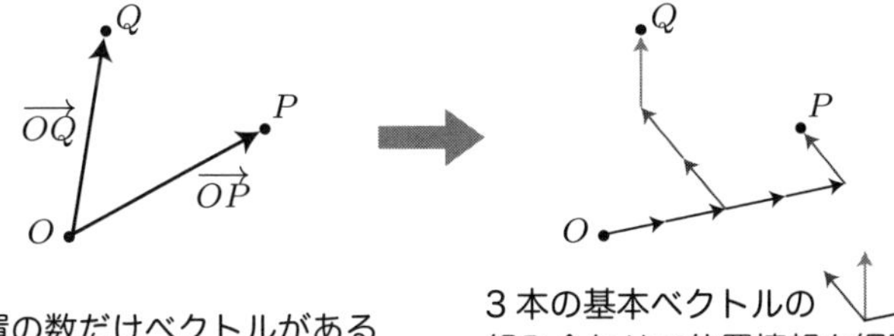

３次元空間上の点の位置は、「3本のベクトル」を都合よく選ぶことで全ての位置を余すことなく＆１通りの方法で表現できます。そのようなベクトル $\vec{a}, \vec{b}, \vec{c}$ を**基本ベクトル**といい、原点と基本ベクトルの組み合わせ $\{O : \vec{a}, \vec{b}, \vec{c}\}$ を**座標系**といいます。そして、点Ｐの位置ベクトル $\overrightarrow{OP}$ を表現する３つの実数の組み合わせ、(x, y, z) を、Ｐの**成分**もしくは**座標**といいます。

高校までで習ってきた「xyz 座標空間」なんてものは、まさにこの考え方に基づいて生み出されました。

一次独立と一次従属

3 次元空間上の全ての位置を 3 本のベクトルを用いて 1 通りの方法で表現するには、ベクトルを都合よく選ぶ必要があります。

3 本選んでもダメな例が、「3 本のうち 1 本が他の 2 本のスカラー倍と足し算で表現できる」とき。これは、実質的に点の位置を 2 本のベクトルで表現することになり、2 本のベクトルが織りなす平面上の点しか表現できません。ちなみに、このような 3 つのベクトルは**一次従属**と言います（詳細は 51 ページの「一次独立と一次従属」参照）。

逆に言えば、一次従属でない 3 本のベクトルを持ってこれば良いのです。このような 3 本のベクトルを**一次独立**と言います。一次独立は、「3 本の中のどの 1 本も、他の 2 本のスカラー倍と足し算で表現できない」ことです。これを数式で表すと次のようになります。

3 次元空間上のベクトルの一次独立

ベクトル $\vec{a}, \vec{b}, \vec{c}$ が 1 次独立 $\Leftrightarrow$

$\lambda\vec{a} + \mu\vec{b} + \nu\vec{c} = \vec{o}$ を満たす実数 λ, μ, ν の組み合わせは、

$(\lambda, \mu, \nu) = (0, 0, 0)$ しか存在しない。

一次従属

3 本のベクトルが
同じ平面に**ある**

一次独立

3 本のベクトルが
同じ平面に**ない**

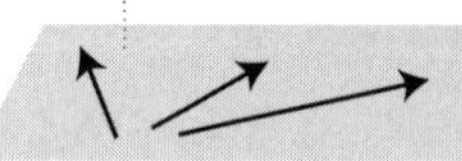

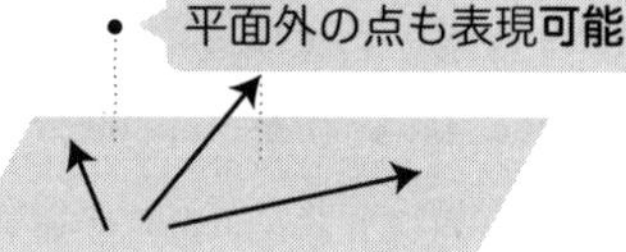

ちなみに、2 次元平面の場合、一次独立な 2 本のベクトルを用意することで、平面上の全ての位置を表現できるようになります。

直交座標系

これで、少ない本数のベクトルで簡単に位置を表現できるようになりました。しかし、まだ少し物足りません。そうです、**3本のベクトルはあっちこっち向いており、長さもバラバラ**なわけです。これでは、成分の値の大小をどう捉えれば良いのか簡単には分かりません。そこで、「互いに直角を向いていて」「長さが同じ」のベクトルを3本選ぶことにしましょう。

長さが1で、互いに垂直な3ベクトルで構成された座標系 $\{O : \vec{a}, \vec{b}, \vec{c}\}$ のことを**直交座標系**といいます。空間座標の世界では、対称性があって分かりやすく使いやすい直交座標系がもっぱら使われています。

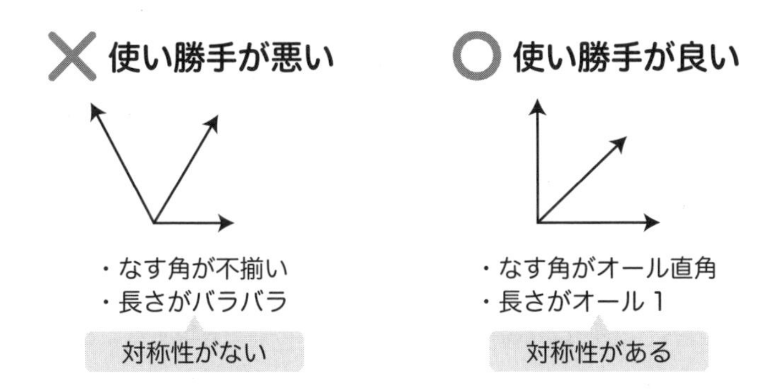

考えてみれば、高校までのxyz座標空間も、x軸・y軸・z軸は互いに直交していましたし、長さの単位はx,y,zに関係なく同じでした。今まで習ってきた座標の概念は、こうした経緯でベクトルと結びついてきました。

04

\#空間ベクトル編

ベクトルで色々な図形を表現する

［ベクトルを使って、直線や平面、そしてベクトルが作る図形の面積や体積を表現する方法を解説します。多くが高校数学の復習ですが、いくつかの公式は、外積を用いることでより簡潔に記すことができました。］

直線を表現する

ベクトルを使って直線を表現してみましょう。

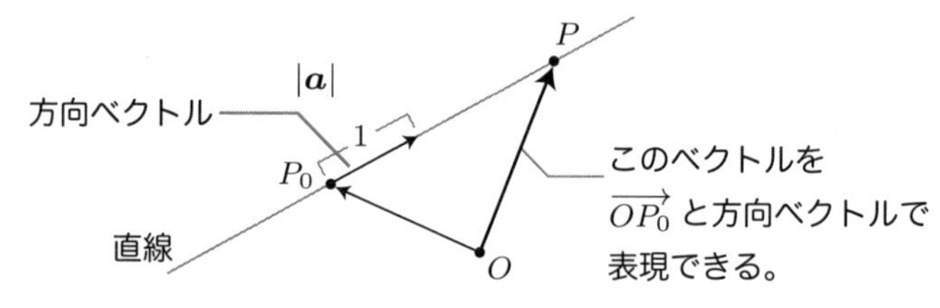

方向ベクトル

直線は、まっすぐに伸びる線のことです。直線と同じ向きを持つベクトルを用意すると、そのベクトルを実数倍することで直線上の点を表現することに一役買いそうです。このように、直線の方向を示す（つまり直線と平行な）ベクトルの中でも、特に長さが 1 の単位ベクトルのことを**方向ベクトル**といいます。

ベクトル方程式

方向ベクトルだけでは、直線の向きこそ分かりますが、直線がどこにあるのか分かりません。そこで、直線上の適当な点を基点として選び、その位置ベクトルを利用します。つまり、直線をベクトルで表すためには、**直線と同じ向きのベクトル**と**直線上の適当な点の位置ベクトル**の 2 つを用意する必要があります。

ある直線の方向ベクトルを $\boldsymbol{l}$ として、直線上の適当な点 P_0 を基点としましょう。このとき、$\overrightarrow{OP} = \boldsymbol{x}, \overrightarrow{OP_0} = \boldsymbol{x_0}$ と置くと、直線上の任意の点 P は次式のように表現できます（ただし、t は適当な実数）。

$$\boldsymbol{x} = \boldsymbol{x_0} + t\boldsymbol{l}$$

このように、直線をベクトルを使った等式で表現できます。これを直線の**ベクトル方程式**といいます。

平面を表現する

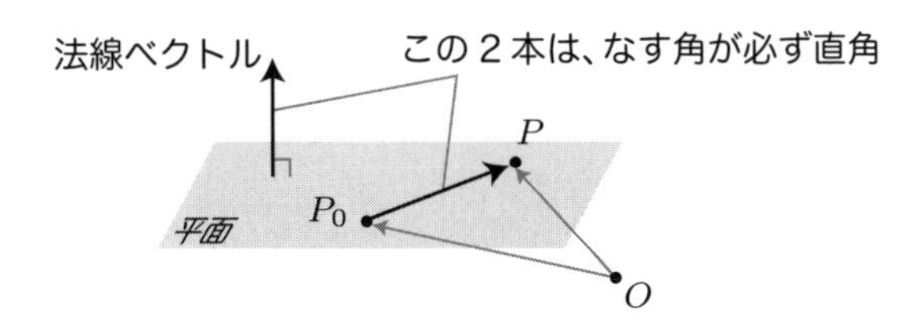

平面上の任意の点を表現するには、**基点となる平面上の点**と**平面の向きを象徴するベクトル**の２つを用意してベクトル方程式を作ります。

法線ベクトル

平面の向きを象徴するベクトルとは何でしょう？平面は直線と違って広がりがあるので「向き」と言われても困りますよね。実は、**平面に垂直な方向**のベクトルを用意することで、平面の広がりを遠回しに、だけど簡単に表現することができます。平面に垂直なベクトルを**法線ベクトル**といいます。

平面の方程式

平面の方程式は、法線ベクトルが平面上のベクトルといかなる場合も垂直であることを利用します。ある平面の法線ベクトルを $\boldsymbol{n}$ として、平面上の適当な点 P_0 を基点とします。このとき、$\overrightarrow{OP} = \boldsymbol{p}, \overrightarrow{OP_0} = \boldsymbol{p_0}$ と置くと、平面上の任意の点 P は次式のように表現できます。

$$(\boldsymbol{p} - \boldsymbol{p_0}, \boldsymbol{n}) = 0$$

平面上の２点を結ぶベクトルは平面上にありますが、それは法線と垂直なので両者の内積が０になる事実を用いて方程式を組み立てました。

面積を表現する

ベクトル $\vec{a}$ と $\vec{b}$ が織りなす平行四辺形の面積 S の表現方法を考えます。

外積を用いた方法

まず、外積の定義を利用して次式のように書けます。なぜなら外積の長さは 2 ベクトルがなす平行四辺形の面積だからです。

$$S = |\vec{a} \times \vec{b}|$$

内積を用いた方法

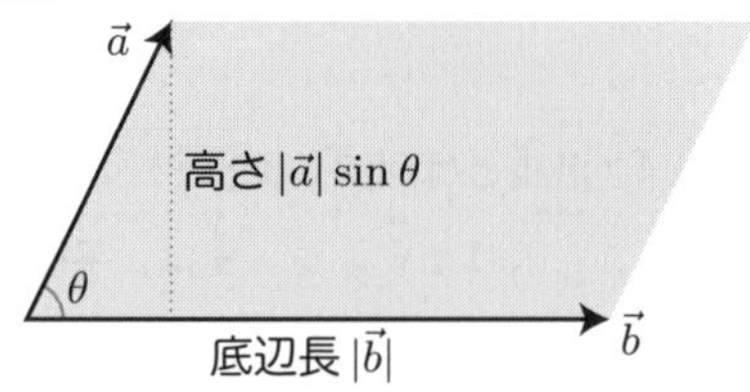

平行四辺形の底辺を $\vec{b}$ とすると、平行四辺形の高さは、$\vec{a}$ の長さに $\sin\theta$ を掛けたものになります（θ はなす角)。よって、面積は $S = |\vec{b}||\vec{a}| \sin\theta$ です。ここでは、$\sin\theta$ は絶対に 0 以上の値を取ります。よって、$\sin\theta = \sqrt{1 - \cos^2\theta}$ としても問題ありません。

以上から、面積は次式のようになります。

$$\begin{aligned} S &= |\vec{b}||\vec{a}| \sin\theta \\ &= |\vec{b}||\vec{a}| \sqrt{1 - \cos^2\theta} \\ &= \sqrt{|\vec{a}|^2 |\vec{b}|^2 - |\vec{a}|^2 |\vec{b}|^2 \cos^2\theta} \\ &= \sqrt{|\vec{a}|^2 |\vec{b}|^2 - (\vec{a}, \vec{b})^2} \end{aligned}$$

体積を表現する

ベクトル $\vec{a}$ 、 $\vec{b}$ 、 $\vec{c}$ が織りなす平行六面体の体積 V の表現方法を考えます。まず、 $\vec{a}$ 、 $\vec{b}$ が織りなす平行四辺形を六面体の底面とします。そして、 $\vec{a}$ 、 $\vec{b}$ の外積 $\vec{a}\times\vec{b}$ と $\vec{c}$ のなす角を θ とすると、高さは $|\vec{c}|\cos\theta$ です。

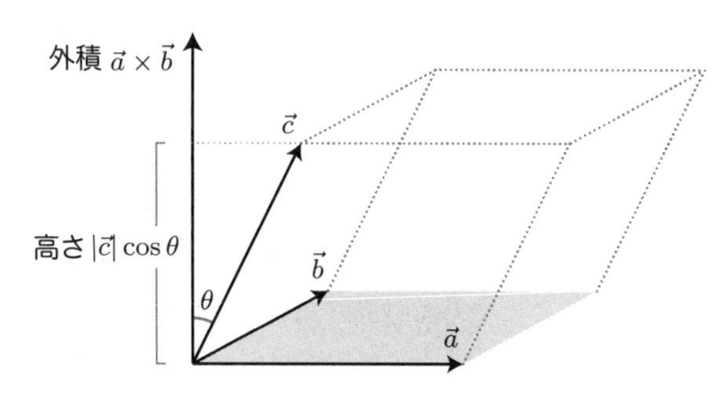

以上から、体積は次式のように表現できます。

$$V = |\vec{a}\times\vec{b}||\vec{c}|\cos\theta$$

この式にある外積の長さは、底面である平行四辺形の面積を表しています。

さて、この式をよく見ると、外積 $\vec{a}\times\vec{b}$ と $\vec{c}$ の内積そのものであることが分かります。ですので次式のように変形することができます。

$$V = (\vec{a}\times\vec{b}, \vec{c})$$

この右辺を**スカラー三重積**といい、まとめて $(\vec{a}, \vec{b}, \vec{c})$ のように記します。

スカラー三重積

$$(\vec{a}, \vec{b}, \vec{c}) = (\vec{a}\times\vec{b}, \vec{c})$$

ちなみに、 $\vec{a} = (a_1, a_2, a_3), \vec{b} = (b_1, b_2, b_3), \vec{c} = (c_1, c_2, c_3)$ と成分表示すると、六面体の体積、すなわちスカラー三重積 $(\vec{a}, \vec{b}, \vec{c})$ の値は、次式のようになることが知られています（右辺は行列式の絶対値です）。

$$(\vec{a}, \vec{b}, \vec{c}) = \left| \begin{vmatrix} a_1 & a_2 & a_3 \\ b_1 & b_2 & b_3 \\ c_1 & c_2 & c_3 \end{vmatrix} \right|$$

05

#空間ベクトル編

内積と外積を成分で導く

ベクトルの内積と外積を、ベクトルの成分を用いて求める方法を説明します。どちらも一見すると複雑な結果になりそうなものの、最終的に綺麗な式に帰着して、数学の美しさを垣間見ることができます。

前提

ここでは、3次元空間における直交座標系 $\{O:\boldsymbol{x},\boldsymbol{y},\boldsymbol{z}\}$ を考えます。**直交座標系**とは、基本ベクトルが全て互いに直角をなしていて、かつ長さが全部1のような座標系のことでした（詳細は116ページの「3次元の位置ベクトルと座標系」を参照）。さらに、2つのベクトル $\boldsymbol{a},\boldsymbol{b}$ の成分をそれぞれ、$(a_x,a_y,a_z),(b_x,b_y,b_z)$ とします。

つまり、次式が成り立つような状況です。

$$\begin{cases} \boldsymbol{a} & = a_x\boldsymbol{x} + a_y\boldsymbol{y} + a_z\boldsymbol{z} \\ \boldsymbol{b} & = b_x\boldsymbol{x} + b_y\boldsymbol{y} + b_z\boldsymbol{z} \end{cases}$$

ベクトルの内積

$(\boldsymbol{a},\boldsymbol{b})$ の値をゴリゴリ計算していきます。ここで、内積の分配法則的な性質や、直角な2ベクトルの内積が0になる性質などを活用していくことで、式を簡単化していきます。

ベクトルの内積の計算

$$\begin{aligned}(\boldsymbol{a},\boldsymbol{b}) =&(a_x\boldsymbol{x}+a_y\boldsymbol{y}+a_z\boldsymbol{z}, b_x\boldsymbol{x}+b_y\boldsymbol{y}+b_z\boldsymbol{z}) \\ =&(a_x\boldsymbol{x},b_x\boldsymbol{x})+(a_x\boldsymbol{x},b_y\boldsymbol{y})+(a_x\boldsymbol{x},b_z\boldsymbol{z}) \\ &+(a_y\boldsymbol{y},b_x\boldsymbol{x})+(a_y\boldsymbol{y},b_y\boldsymbol{y})+(a_y\boldsymbol{y},b_z\boldsymbol{z}) \\ &+(a_z\boldsymbol{z},b_x\boldsymbol{x})+(a_z\boldsymbol{z},b_y\boldsymbol{y})+(a_z\boldsymbol{z},b_z\boldsymbol{z}) \\ =&a_xb_x|\boldsymbol{x}|^2+a_yb_y|\boldsymbol{y}|^2+a_zb_z|\boldsymbol{z}|^2 \\ =&a_xb_x+a_yb_y+a_zb_z\end{aligned}$$

2行目は1行目を愚直に展開しただけなのでおぞましいことになっています。しかし、異なる基本ベクトル同士の内積は0になるので、大半の項が消えます。そして、同じ基本ベクトル同士の内積は、基本ベクトルの大きさの2乗になりますが、大きさは1なので、成分だけが式に残ります。

内積を成分で表した結果を改めて載せておきます。

ベクトルの内積

$$(\boldsymbol{a}, \boldsymbol{b}) = a_x b_x + a_y b_y + a_z b_z$$

同じ軸の成分を掛け算した数字を異なる軸同士で足し合わせるだけのシンプルな式になりました。

ベクトルの外積

外積はもっと複雑です。というのも、内積と同じように分配法則的な性質を用いて展開した上でゴリゴリ計算してもあまり綺麗にならないのです。

ベクトルの外積の計算

$$\begin{aligned}
\boldsymbol{a} \times \boldsymbol{b} =& (a_x \boldsymbol{x} + a_y \boldsymbol{y} + a_z \boldsymbol{z}) \times (b_x \boldsymbol{x} + b_y \boldsymbol{y} + b_z \boldsymbol{z}) \\
=& (a_x \boldsymbol{x} \times b_x \boldsymbol{x}) + (a_x \boldsymbol{x} \times b_y \boldsymbol{y}) + (a_x \boldsymbol{x} \times b_z \boldsymbol{z}) \\
& + (a_y \boldsymbol{y} \times b_x \boldsymbol{x}) + (a_y \boldsymbol{y} \times b_y \boldsymbol{y}) + (a_y \boldsymbol{y} \times b_z \boldsymbol{z}) \\
& + (a_z \boldsymbol{z} \times b_x \boldsymbol{x}) + (a_z \boldsymbol{z} \times b_y \boldsymbol{y}) + (a_z \boldsymbol{z} \times b_z \boldsymbol{z}) \\
=& (a_x \boldsymbol{x} \times b_y \boldsymbol{y}) + (a_x \boldsymbol{x} \times b_z \boldsymbol{z}) \\
& + (a_y \boldsymbol{y} \times b_x \boldsymbol{x}) + (a_y \boldsymbol{y} \times b_z \boldsymbol{z}) \\
& + (a_z \boldsymbol{z} \times b_x \boldsymbol{x}) + (a_z \boldsymbol{z} \times b_y \boldsymbol{y}) \\
=& a_x b_y \boldsymbol{z} + a_x b_z (-\boldsymbol{y}) \\
& + a_y b_x (-\boldsymbol{z}) + a_y b_z \boldsymbol{x} \\
& + a_z b_x \boldsymbol{y} + a_z b_y (-\boldsymbol{x}) \\
=& (a_y b_z - a_z b_y) \boldsymbol{x} + (a_z b_x - a_x b_z) \boldsymbol{y} + (a_x b_y - a_y b_x) \boldsymbol{z}
\end{aligned}$$

途中式がえらいことになっていますが、今度は**同じ基本ベクトル同士の外積**が0となって消えます。そして、異なる基本ベクトル同士の外積は、残りの基本べクトルと同じ方向（または真逆の方向）を向くことになります。そうして式をまとめていった結果が、一番下の式です。

一番下の式の形、なんかそれっぽいものを以前に見ましたよね？そうです、**2次正方行列の行列式の定義式**です。これを利用すると次式のように表すことができます。

ベクトルの外積と行列式

$$\boldsymbol{a} \times \boldsymbol{b} = \begin{vmatrix} a_y & a_z \\ b_y & b_z \end{vmatrix} \boldsymbol{x} + \begin{vmatrix} a_z & a_x \\ b_z & b_x \end{vmatrix} \boldsymbol{y} + \begin{vmatrix} a_x & a_y \\ b_x & b_y \end{vmatrix} \boldsymbol{z}$$

さらに踏み込むと、最終的に 1 つの大きな行列式になります。

ベクトルの外積と行列式（1 つの行列式にまとめた）

$$\boldsymbol{a} \times \boldsymbol{b} = \begin{vmatrix} \boldsymbol{x} & \boldsymbol{y} & \boldsymbol{z} \\ a_x & a_y & a_z \\ b_x & b_y & b_z \end{vmatrix}$$

実際計算してみると、確かに成り立つことが確かめられます。

ちなみに、今まで**行列式はスカラー**と言ってきましたが、この**行列式はベクトルです**。なぜなら、行列の中にベクトルが入っており、行列式を計算しても中のベクトルが最後まで生き残るからです。

結果だけでも覚えよう

ベクトルの内積と外積をベクトルの成分を用いて表す方法は、実際に計算して確かめようとすると、いずれも途中式が複雑になります。しかし、実際に使うのは最後の簡単な式だけ。ですので、少なくとも最後の式だけでも公式として記憶に留めておきましょう。

QUESTION

[章末問題]

特に断りがなければ、ベクトルの成分表示は、
直交座標系 $\{O; \boldsymbol{e_1}, \boldsymbol{e_2}, \boldsymbol{e_3}\}$ におけるものとする。

$$P(x, y, z) \iff \overrightarrow{OP} = x\boldsymbol{e_1} + y\boldsymbol{e_2} + z\boldsymbol{e_3}$$

Q1 $\boldsymbol{a} = x\boldsymbol{e}_1 + y\boldsymbol{e}_2 + z\boldsymbol{e}_3$ **とする。**
このとき、$|\boldsymbol{a}| = \sqrt{x^2 + y^2 + z^2}$ を示せ。

Q2 **3つのベクトルを次のように定めるとき、次の問いを答えよ。**

$$\begin{cases} \boldsymbol{a} = a_1\boldsymbol{e}_1 + a_2\boldsymbol{e}_2 + a_3\boldsymbol{e}_3 \\ \boldsymbol{b} = b_1\boldsymbol{e}_1 + b_2\boldsymbol{e}_2 + b_3\boldsymbol{e}_3 \\ \boldsymbol{c} = c_1\boldsymbol{e}_1 + c_2\boldsymbol{e}_2 + c_3\boldsymbol{e}_3 \end{cases}$$

① $(\boldsymbol{a}, \boldsymbol{b} + \boldsymbol{c}) = (\boldsymbol{a}, \boldsymbol{b}) + (\boldsymbol{a}, \boldsymbol{c})$ **を示せ。**

② $\boldsymbol{a} \times (\boldsymbol{b} + \boldsymbol{c}) = (\boldsymbol{a} \times \boldsymbol{b}) + (\boldsymbol{a} \times \boldsymbol{c})$**を示せ。**

Q3 **次の2点を通る直線のベクトル方程式を求めよ。**

① $P_0(2, 4, 3)$ $P_1(-1, -2, 3)$

② $P_0(1, 2, 1)$ $P_1(3, -1, 4)$

Q4 **次の3点を通る平面のベクトル方程式を求めよ。**

$P_0(1, 3, 4)$ $P_1(0, 4, 1)$ $P_2(2, 3, 8)$

ANSWER

[解答解説]

Q1 $\boldsymbol{a} = x\boldsymbol{e}_1 + y\boldsymbol{e}_2 + z\boldsymbol{e}_3$ **とする。**

このとき、$|\boldsymbol{a}| = \sqrt{x^2 + y^2 + z^2}$ を示せ。

$$
\begin{aligned}
|\boldsymbol{a}| &= \sqrt{(\boldsymbol{a}, \boldsymbol{a})} \\
&= \sqrt{(x\boldsymbol{e}_1 + y\boldsymbol{e}_2 + z\boldsymbol{e}_3, x\boldsymbol{e}_1 + y\boldsymbol{e}_2 + z\boldsymbol{e}_3)} \\
&= \sqrt{x^2\underbrace{(\boldsymbol{e}_1, \boldsymbol{e}_1) + y^2(\boldsymbol{e}_2, \boldsymbol{e}_2) + z^2(\boldsymbol{e}_3, \boldsymbol{e}_3)}_{=1} + 2xy\underbrace{(\boldsymbol{e}_1, \boldsymbol{e}_2) + 2yz(\boldsymbol{e}_2, \boldsymbol{e}_3) + 2zx(\boldsymbol{e}_3, \boldsymbol{e}_1)}_{=0}} \\
&= \sqrt{x^2 + y^2 + z^2}
\end{aligned}
$$

よって、示された。

Q2 **3つのベクトルを次のように定めるとき、次の問いを答えよ。**

$$
\begin{cases}
\boldsymbol{a} = a_1\boldsymbol{e}_1 + a_2\boldsymbol{e}_2 + a_3\boldsymbol{e}_3 \\
\boldsymbol{b} = b_1\boldsymbol{e}_1 + b_2\boldsymbol{e}_2 + b_3\boldsymbol{e}_3 \\
\boldsymbol{c} = c_1\boldsymbol{e}_1 + c_2\boldsymbol{e}_2 + c_3\boldsymbol{e}_3
\end{cases}
$$

① 左辺と右辺のどちらもが次式に変形できることを確かめましょう。

$$a_1(b_1 + c_1) + a_2(b_2 + c_2) + a_3(b_3 + c_3)$$

② 左辺と右辺のどちらもが次式に変形できることを確かめましょう。

$$(b_1 + c_1)\begin{vmatrix} \boldsymbol{e}_2 & \boldsymbol{e}_3 \\ a_2 & a_3 \end{vmatrix} + (b_2 + c_2)\begin{vmatrix} \boldsymbol{e}_3 & \boldsymbol{e}_1 \\ a_3 & a_1 \end{vmatrix} + (b_3 + c_3)\begin{vmatrix} \boldsymbol{e}_1 & \boldsymbol{e}_2 \\ a_1 & a_2 \end{vmatrix}$$

Q3 次の 2 点を通る直線のベクトル方程式を求めよ。

① 方向ベクトルは $\overrightarrow{P_0P_1} = (-1-2, -2-4, 3-3)$

$$= (-3, -6, 0)$$

よって、ベクトル方程式は

$$\overrightarrow{OP_0} + t\overrightarrow{P_0P_1} = (2, 4, 3) + t(-3, -6, 0)$$
$$= \underline{(2-3t, 4-6t, 3)}$$

② 方向ベクトルは $\overrightarrow{P_0P_1} = (3-1, -1-2, 4-1)$

$$= (2, -3, 3)$$

よって、ベクトル方程式は

$$\overrightarrow{OP_0} + t\overrightarrow{P_0P_1} = (1, 2, 1) + t(2, -3, 3)$$
$$= \underline{(1+2t, 2-3t, 1+3t)}$$

Q4 次の 3 点を通る平面のベクトル方程式を求めよ。

$\overrightarrow{P_0P_1}$ と $\overrightarrow{P_0P_2}$ の外積が平面の法線ベクトルになることを利用します。

$$\overrightarrow{P_0P_1} = (-1,\ 1, -3)$$
$$\overrightarrow{P_0P_2} = (\ \ 1,\ 0,\ \ 4)$$

なので、

$$\overrightarrow{P_0P_1} \times \overrightarrow{P_0P_2} = \left(\begin{vmatrix} 1 & -3 \\ 0 & 4 \end{vmatrix}, \begin{vmatrix} -3 & -1 \\ 4 & 1 \end{vmatrix}, \begin{vmatrix} -1 & 1 \\ 1 & 0 \end{vmatrix} \right)$$
$$= (\ 4,\ 1, -1)$$

平面上の任意の位置ベクトルを、$P = (x, y, z)$ とすると、

$$(\overrightarrow{P_0P}, (4, 1, -1)) = 0$$
$$((x-1, y-3, z-4), (4, 1, -1)) = 0$$
$$4(x-1) + (y-3) - (z-4) = 0$$
$$\underline{4x + y - z = 3}$$

05

線形空間編

ここでは線形代数の考え方をより抽象化した上で新しい概念や性質を見ていきます。今までベクトルを数字の並びとして定義しましたが、さらに抽象的な条件で定義しなおすことで、従来の数字の並びや空間上の矢印だけでなく、多項式や行列まで「ベクトル」になるのです。このような抽象化によって、線形代数の理論がより広範な対象に適用できる強力な存在になります。

01

線形空間編

線形空間って何？

［ ベクトルとその演算に備わる基本的な性質を持つものをなんでもベクトルと見なそうとする圧倒的な抽象化、それが線形空間の考え方の基本です。線形空間を名乗れる条件を挙げて、線形空間の例をいくつか示します。 ］

線形空間って何？

簡単に言えば、**今までに習ったベクトルの集合と同じような性質を持つ集合**のことです。ベクトルの演算にはいくつかの基本的な性質がありましたが、この性質は、今までに学習したベクトルだけが持つものではありません。そこで、ベクトルと同じような性質を持つ色んなものを**線形空間**（**ベクトル空間**ともいいます）というカテゴリに入れて、これらの性質をまとめて考えようとするのが、ここでの趣旨です。

線形空間の条件

あるものを線形空間というためには、次の条件を満たす必要があります。

条件 1. 集合である

まず、線形空間は**集合 (あるものの集まり)** であることが前提です。集合の中でも一定の条件を満たしたものを線形空間といいます。集合は有限でも無限でも構いません。例えば、整数集合は要素が無限個ある集合ですが、これでも後述する条件さえ満たせば線形空間になりえます。

これからは、ある集合を記号 V で表します。

条件 2.「和」と「スカラー倍」の演算ルールがある

さて、ある集合 V が線形空間か否かを考える上で、V に対して 2 つの演算ルールが用意されていることが必要です。それが**和**と**スカラー倍**です。どちらも馴染みのある言葉ですね。

和

V の中にある任意の2つの要素 $\boldsymbol{a}$ と $\boldsymbol{b}$ を与えると、「$\boldsymbol{a}+\boldsymbol{b}$」と表すことができる V の中の要素を定められる演算です。

(例えば、自然数の和は、自然数2つを与えて足し合わせることで自然数に含まれる1つの値を定めることができます。)

スカラー倍

V の中の要素 $\boldsymbol{a}$ と、実数集合または複素数集合の中にある値 λ（スカラー）の2つを与えると、「$\lambda\boldsymbol{a}$」と表すことができる V の中の要素を定められる演算です。

ポイントは、演算結果が V **の中の要素で定められる**ことです。V の要素を与えた結果が V の中に無いとダメです。例えば、整数集合は、スカラー倍の演算において結果が必ずしも整数でない（例えば小数になる）ので、この条件を満たしません。

条件3. 和とスカラー倍が7つの条件を満たす

集合 V に対して定義されている和とスカラー倍の演習ルールがある条件を満たしていなければなりません。

「和」が満たすべき条件

条件1（入れ替え可能） 任意の $\boldsymbol{a},\boldsymbol{b}$ について次式が成立。

$$\boldsymbol{a}+\boldsymbol{b}=\boldsymbol{b}+\boldsymbol{a}$$

条件2（計算順序不問） 任意の $\boldsymbol{a},\boldsymbol{b},\boldsymbol{c}$ について次式が成立。

$$(\boldsymbol{a}+\boldsymbol{b})+\boldsymbol{c}=\boldsymbol{a}+(\boldsymbol{b}+\boldsymbol{c})$$

条件3（零 - ゼロの存在） 任意の $\boldsymbol{a}$ について次式を成立させる $\boldsymbol{o}$ が存在。

$$\boldsymbol{a}+\boldsymbol{o}=\boldsymbol{a}$$

条件4（逆元 - マイナスの存在）

任意の $\boldsymbol{a}$ と上述の $\boldsymbol{o}$ について、次式を成立させる $\boldsymbol{x}$ が存在。

$$\boldsymbol{a}+\boldsymbol{x}=\boldsymbol{o}$$

和は、2つの要素にしか定義されていないので、本来なら3つ以上の要素の和を $b+a+c$ のように、並び方や計算順序を気にせず記述できません。しかし、条件1と2が成り立つおかげで、こうした記述が可能になります。

そして、条件3と4が成り立つおかげで、私たちが「引き算」という演算を和の定義だけでできます。引き算は、条件4に由来する逆元の和です。

「スカラー倍」が満たすべき条件

λ と μ はスカラーです。そして、任意の $\boldsymbol{a}$ について、$1\boldsymbol{a}=\boldsymbol{a}$ です。

条件5（計算順序不問） 次式が成立。

$$\lambda(\mu\boldsymbol{a})=(\lambda\mu)\boldsymbol{a}$$

条件6（スカラーの分配） 次式が成立。

$$(\lambda+\mu)\boldsymbol{a}=\lambda\boldsymbol{a}+\mu\boldsymbol{a}$$

条件7（要素の分配） 次式が成立。

$$\lambda(\boldsymbol{a}+\boldsymbol{b})=\lambda\boldsymbol{a}+\lambda\boldsymbol{b}$$

さて、これら7つの条件は、今までに習ってきた**数字の並びとしてのベクトル**における和とスカラー倍の演算が持つ性質そのものです。数字の並びとしてのベクトルの集合以外にも、このような性質を持つ集合は色々あります。そんな集合を**線形空間（ベクトル空間）**といい、その中の要素を**ベクトル**といいます。

高校までは、「向きと大きさ」を表す存在だったベクトルは、線形代数の序盤で「ひと並びの数字列」にまで意味が広がり、ついには、「和とスカラー倍があって一定の条件を満たす集合の要素」として抽象化されました。

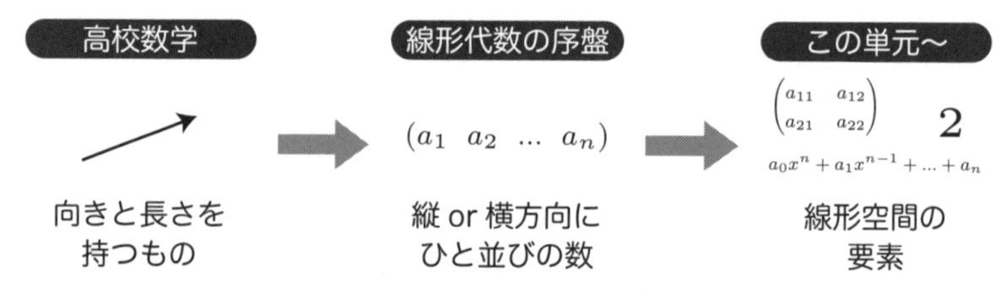

実線形空間と複素線形空間

線形空間は、スカラー倍の演算に用いるスカラーの値の集合によって分類できます。スカラーとして実数を使用することが前提の線形空間は、**実線形空間**または、**実数上の線形空間**といいます。一方で、スカラーとして複素数を使用することが前提の線形空間は、**複素線形空間**または、**複素数上の線形空間**といいます。

線形空間の例

線形空間といえる集合は身の回りにたくさんあります。

平面ベクトル＆空間ベクトル

高校数学から習ってきた平面ベクトル全体の集合や、空間ベクトル全体の集合は、どちらも線形空間としての条件を満たすので、（実数上の）線形空間です。

n 個の実数の組

n 個の実数の組 $(a_1, a_2, ..., a_n)$ 全体の集合を $\mathbb{R}^n$ とします（これを**実 n 次元数空間**といいます）。集合 $\mathbb{R}^n$ に対して和とスカラー倍（スカラーとして実数を使用）を次のように定めます。

和　$(a_1, ..., a_n) + (b_1, ..., b_n) = (a_1 + b_1, ..., a_n + b_n)$

スカラー倍　$\lambda(a_1, ..., a_n) = (\lambda a_1, ..., \lambda a_n)$

※ただし、$(a_1, ..., a_n) = (b_1, ..., b_n) \iff a_1 = b_1,\ ...,\ a_n = b_n$

この時、$\mathbb{R}^n$ は実線形空間です。ちなみに、実数を複素数に置き換えると、それはそれで複素線形空間として成立します。

ちなみに $\mathbb{R}^n$ は実線形空間の基本的な形なので、今後も何度か登場します。

行列

実数を成分とする n 行 m 列行列の全体の集合は実線形空間です。

多項式

実数を係数とする x についての n 次以下の多項式 $a_0x^n + a_1x^{n-1} + ... + a_n$ 全体の集合は、従来の和とスカラー倍（実数倍）について、線形空間の条件を満たすので、実線形空間です。

これが一番意外ではないでしょうか。今まで、多項式にはベクトルの「べ」の字もありませんでしたが、線形空間の条件を満たす以上、多項式集合という線形空間の中にある1ベクトルとして扱うことができます。

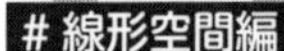

基底と次元と成分

［線形空間における基底の定義と、基底をなすベクトルの数（次元）、そして基底の係数をまとめた「成分」を学習します。空間ベクトルで扱った時のようなお話ですので、空間ベクトルの復習にもなるかもしれません。］

一次独立と一次従属の復習

線形代数を勉強する中で嫌ほど聞いてきたことと思いますが、やっぱり重要なので一次独立と一次従属の定義に改めて触れましょう。ただし、ここでは**線形空間としての定義**について書くので、今までとはほんの少し異なります。

一次独立と一次従属

線形空間 V の中にある r 個のベクトル $\boldsymbol{a_1}, \boldsymbol{a_2}, ..., \boldsymbol{a_r}$ からなる**一次結合** $x_1\boldsymbol{a_1} + x_2\boldsymbol{a_2} + ... + x_r\boldsymbol{a_r}$ について考える。

一次独立

$$x_1\boldsymbol{a_1} + x_2\boldsymbol{a_2} + ... + x_r\boldsymbol{a_r} = \boldsymbol{o}$$

を満たすような $x_1, ..., x_r$ の組み合わせが、

$$(x_1, x_2, ..., x_r) = (0, 0, ..., 0)$$

しかないようなベクトルの組のこと。

一次従属

一次独立でないベクトルの組み合わせ、すなわち上の式において**ゼロ以外の組み合わせも考えられる**ようなベクトルの組のこと。

空間ベクトルの時と異なり、定義の中に「線形空間」の文言が加えられていることに着目です。ここでのベクトルは、向きと長さを持つ空間ベクトルのことだけでなく、「線形空間の条件を満たすあらゆる集合」の要素のことを指します。

基底

基底って何？

xy 平面における「x 軸ベクトル＆ y 軸ベクトル」という組のようなものを、線形空間の世界では**基底**といいます。こんな説明では感覚的すぎるので、平面以外にも様々ものをターゲットとしている線形空間の世界にふさわしい、より抽象的なお話を進めましょう。線形空間における基底の定義は次の通りです。

基底

線形空間 V が $\{\boldsymbol{o}\}$ でない（零ベクトル以外の要素を持つ）とき、V の中に次の 2 条件を満たす n 個のベクトル $\boldsymbol{a_1}, \boldsymbol{a_2}, ..., \boldsymbol{a_n}$ があるならば、それを**基底**という。

1 **一次独立**である。
2 **生成系**である。つまり、 $\boldsymbol{a_1}, \boldsymbol{a_2}, ..., \boldsymbol{a_n}$ の一次結合の形で、 V の中にある全ての要素を網羅的に記述できる。

ここでは、わざわざ 2 つの条件を提示しましたが、この 2 条件は次の 1 つの条件に凝縮できます。

基底（端的な定義）

V の中にある**全ての要素**を、次に掲げる一次結合の形で**一意に記述**できるとき、n 個のベクトル $\boldsymbol{a_1}, \boldsymbol{a_2}, ..., \boldsymbol{a_n}$ の組を**基底**という。

$$x_1\boldsymbol{a_1} + x_2\boldsymbol{a_2} + ... + x_r\boldsymbol{a_r}$$

基底とは、ある線形空間内の**全ての要素**をそれぞれ**1 通りで表現できる**ようなベクトルの組のことを言うんですね。例えば、 xy 平面における「x 軸ベクトル＆ y 軸ベクトル」の組は、平面上の全ての点を「 $\lambda\boldsymbol{x} + \mu\boldsymbol{y}$ 」の形で一意に記述できるから基底と言えるわけです。

標準基底

n 次の行ベクトル $(a_1\ a_2\ ...\ a_n)$ の集合は線形空間であり、n **次の行ベクトル空間**といいます。ここで、$n \times n$ の単位行列 E を行ごとに切り分けて作った行ベクトル $\boldsymbol{e_1}, ..., \boldsymbol{e_n}$ を用意します。$\boldsymbol{e_i}$ は、左から i 番目が 1 で、それ以外は 0 の成分を持ちます。

$$\boldsymbol{e_i} = (\ 0\ 0\ ...\ \underset{i\text{番目}}{1}\ ...\ 0\ )$$

このとき、$\boldsymbol{e_1}, ..., \boldsymbol{e_n}$ は、一次独立である上に、これらのベクトルの一次結合で n 次の行ベクトルの全てを表すことができます。すなわち、$\boldsymbol{e_1}, ..., \boldsymbol{e_n}$ **の組は基底**であるわけです。この基底は長さが一定であることをはじめ使い勝手が良いので、特に**標準基底**といいます。

次元

次元の定義

ある線形空間の基底の取り方は複数ありますが、**基底を構成するベクトルの個数は固定**です。これを**次元**といい、線形空間の特徴を表す指標として扱います。

次元

線形空間 V の基底をなすベクトルの個数を**次元**といい、$\dim V$ と記す。ただし、零ベクトルのみで構成される線形空間の次元は 0 とする。

例えば、xy 平面は x 軸ベクトルと y 軸ベクトルの 2 つのベクトルで基底をなすので、次元は 2 です。

有限次元と無限次元

基底の個数が有限個ならば**有限次元**、そうでなければ**無限次元**といいます。

例えば、n 次以下の多項式 $a_0x^n + a_1x^{n-1} + ... + a_n$ 全体の集合は有限次元です。なぜならば基底は $1, x, ..., x^n$ の n 個だからです。

一方で、次数を問わない多項式全体の集合は無限次元です。なぜならば基底は $1, x, x^2, ...$ となり、その個数が有限でなくなるからです。

一次独立なベクトルの最大個数との関係

基底を構成するベクトルの個数が固定なのは、その個数が、V に含まれる一次独立なベクトルの最大個数と一致するからです。

> V が n 個のベクトルを基底にもつことと、V に含まれる一次独立なベクトルの最大個数が n であることは、同値である。

n 個の基底を持つと、一次独立なベクトルの最大個数は n である

これは、V のある基底が $\boldsymbol{a}_1, ..., \boldsymbol{a}_n$ のとき、$n+1$ 本以上のベクトル $\boldsymbol{b}_1, ..., \boldsymbol{b}_m$ をどう選んでも一次従属になることを示すことでわかります。

まず、$\boldsymbol{b}_1, ..., \boldsymbol{b}_m$ はどれも基底 $\boldsymbol{a}_1, ..., \boldsymbol{a}_n$ の一次結合の形で書けます。

$$\begin{aligned} \boldsymbol{b}_1 &= p_{11}\boldsymbol{a}_1 + p_{12}\boldsymbol{a}_2 + \cdots + p_{1n}\boldsymbol{a}_n \\ \vdots &= \vdots \\ \boldsymbol{b}_m &= p_{m1}\boldsymbol{a}_1 + p_{m2}\boldsymbol{a}_2 + \cdots + p_{mn}\boldsymbol{a}_n \end{aligned}$$

ここで、$x_1\boldsymbol{b}_1 + x_2\boldsymbol{b}_2 + \cdots + x_m\boldsymbol{b}_m = \boldsymbol{o}$ のときに $x_1, ..., x_m$ が必ず全て 0 になるか調べます。この左辺は、$\boldsymbol{a}_1, ..., \boldsymbol{a}_n$ を用いて次のように変形できます。

$$\sum_{i=1}^{m} x_i p_{i1}\boldsymbol{a}_1 + \cdots + \sum_{i=1}^{m} x_i p_{in}\boldsymbol{a}_n = \boldsymbol{o}$$

$\boldsymbol{a}_1, ..., \boldsymbol{a}_n$ は一次独立なので係数は全て 0 です。よって次式が成立します。

$$\begin{cases} \sum_{i=1}^{m} x_i p_{i1} = p_{11}x_1 + p_{21}x_2 + \cdots + p_{m1}x_m = 0 \\ \vdots \\ \sum_{i=1}^{m} x_i p_{in} = p_{1n}x_1 + p_{2n}x_2 + \cdots + p_{mn}x_m = 0 \end{cases}$$

この連立方程式が自明解（$x_1, ..., x_m$ は全て 0）しか持たないならば、$\boldsymbol{b}_1, ..., \boldsymbol{b}_m$ の一次独立が示せます。しかし、この連立方程式は、変数の個数 m が式の個数 n より多いので、拡大係数行列の階数は必ず変数の個数より少なく、よって非自明解（全て 0 以外の解）を持ちます。

ゆえに、$\boldsymbol{b}_1, ..., \boldsymbol{b}_m$ は一次従属であること、つまり $n+1$ 本以上のベクトルをどう選んでも一次独立にならない（＝一次独立なベクトルの最大個数は n である）ことが示されました。

一次独立なベクトルの最大個数が n だと、n 個の基底を持つ

これは、V の中から一次独立な n 個のベクトル $\boldsymbol{a}_1, ..., \boldsymbol{a}_n$ （まだ基底かわからない）を用意して、V の中の全てのベクトルが $\boldsymbol{a}_1, ..., \boldsymbol{a}_n$ の一次結合で表せることを示します。まず、V の任意のベクトル $\boldsymbol{a}$ を使って次式を作ります。

$$x_1\boldsymbol{a}_1 + x_2\boldsymbol{a}_2 + \cdots + x_n\boldsymbol{a}_n + x\boldsymbol{a} = \boldsymbol{o}$$

n は一次独立なベクトルの最大個数なので、$n+1$ 個のベクトルの組は一次従属です。よって、上式が成り立つとき、$x_1, ..., x_n, x$ のうち、少なくとも 1 つは 0 でありません。ここで、$x = 0$ と仮定すると上式は次のようになります。

$$x_1\boldsymbol{a}_1 + x_2\boldsymbol{a}_2 + \cdots + x_n\boldsymbol{a}_n = \boldsymbol{o}$$

$\boldsymbol{a}_1, ..., \boldsymbol{a}_n$ は一次独立なので、$x_1, ..., x_n$ は全て 0 になります。これだと「$x_1, ..., x_n, x$ のうち、少なくとも 1 つは 0 でない」ことに反するので矛盾します。したがって、$x \neq 0$ です。このとき、両辺を x で割って、次式を導けます。

$$\boldsymbol{a} = \frac{x_1}{x}\boldsymbol{a}_1 + \frac{x_2}{x}\boldsymbol{a}_2 + \cdots + \frac{x_n}{x}\boldsymbol{a}_n$$

これはつまり、任意のベクトル $\boldsymbol{a}$ が $\boldsymbol{a}_1, ..., \boldsymbol{a}_n$ の一次結合で記せるということです。よって $\boldsymbol{a}_1, ..., \boldsymbol{a}_n$ は基底なので、V は n 個の基底を持ちます。

成分

線形空間 V の任意のベクトル $\boldsymbol{x}$ は、基底 $\boldsymbol{a_1}, \boldsymbol{a_2}, ..., \boldsymbol{a_n}$ の一次結合で**一意に**表すことができます。

$$\boldsymbol{x} = x_1\boldsymbol{a_1} + x_2\boldsymbol{a_2} + ... + x_n\boldsymbol{a_n}$$

ここで、基底のベクトルの順番を固定すれば、わざわざベクトルを書かずともベクトルの係数 x_i の組み合わせだけでベクトル $\boldsymbol{x}$ を表現できます。そのような x_i の組み合わせを**ベクトル $\boldsymbol{x}$ の基底 $\boldsymbol{a_1}, \boldsymbol{a_2}, ..., \boldsymbol{a_n}$ に関する成分**といい、次の形で記述します。

$$\boldsymbol{x} = (x_1, x_2, ..., x_n)$$

例えば、高校数学における $A = (2, 5)$ のような座標表記はまさしくこれです。

成分の集合は、**線形空間**です。すなわち、成分同士の演算の性質を考える際はベクトル同士の演算と同じように考えることができます。

03

線形空間編

基底の変換

ある線形空間に対して基底のパターン数は無数にあります。そして行列を使うことである基底から別の基底を作ることができます。基底の変換方法と、基底の変換前後における成分の関係性を説明します。

基底の変換

ベクトル空間 V の中にある基底は、行列のかけ算を利用することで他の基底に変換できます。具体的に言うと、ある基底 $\boldsymbol{a_1}, \boldsymbol{a_2}, ..., \boldsymbol{a_n}$ に対して、行ベクトル $A = [\boldsymbol{a_1}\ \boldsymbol{a_2}\ ...\ \boldsymbol{a_n}]$ を用意すると、**ある n 次正方行列 P を右からかけた「 AP 」を計算することで、別の基底を作ることができます。**

$B = AP$ とすると、 B は n 列の行ベクトルとなり、 B の成分を $B = [\boldsymbol{b_1}\ \boldsymbol{b_2}\ ...\ \boldsymbol{b_n}]$ と書くと、ベクトル $\boldsymbol{b_1}, \boldsymbol{b_2}, ..., \boldsymbol{b_n}$ は別の基底になります。つまり、 $P = [p_{ij}]$ とすると、新しい基底の j 番目のベクトル $\boldsymbol{b_j}$ を次式のような一次結合の形式で作れます。

$$\begin{aligned}\boldsymbol{b_j} &= p_{1j}\boldsymbol{a_1} + p_{2j}\boldsymbol{a_2} + ... + p_{nj}\boldsymbol{a_n} \\ &= \sum_{i=1}^{n} p_{ij}\boldsymbol{a_i}\end{aligned}$$

基底を変換できる行列の条件

基底の変換のために右から掛ける行列 P はなんでも良いわけではありません。**行列 P が n 次の正則行列でなければ、変換後のベクトルは基底になりません。**

基底の変換と行列の正則の関係

ある n 次正方行列 $P = [p_{ij}]$ を用いて線形空間 V の基底 $\boldsymbol{a_1}, \boldsymbol{a_2}, ..., \boldsymbol{a_n}$ から n 個のベクトル $\boldsymbol{b_1}, \boldsymbol{b_2}, ..., \boldsymbol{b_n}$ を次式のように生成する。

$$\boldsymbol{b_j} = \sum_{i=1}^{n} p_{ij}\boldsymbol{a_i}$$

このとき、 $\boldsymbol{b_1}, \boldsymbol{b_2}, ..., \boldsymbol{b_n}$ が V の基底である $\Longleftrightarrow$ 行列 P は正則である

この定理は、変換後のベクトルが基底であるかどうかは、掛ける行列が正則かどうかと連動していることを示しています。

成分の変換

あるベクトルを、ある基底に関する成分で表現しているとき、これを別の基底に置き換えると成分の値にどのような変化が生じるのでしょうか。この答えも「行列の掛け算」が持っています。

まず、線形空間 V の基底 $\boldsymbol{a_1}, ..., \boldsymbol{a_n}$ に対して行列 P を使った変換を経ることで、別の基底 $\boldsymbol{b_1}, ..., \boldsymbol{b_n}$ を作ることができることとします。

そして、線形空間 V の中にある任意のベクトル $\boldsymbol{a}$ について、基底 $\boldsymbol{a_1}, ..., \boldsymbol{a_n}$ に関する成分を次のように表します。

$$\boldsymbol{a} = (x_1, x_2, ..., x_n)$$

そして、別の基底 $\boldsymbol{b_1}, ..., \boldsymbol{b_n}$ に関する成分を次のように表します。

$$\boldsymbol{a} = (y_1, y_2, ..., y_n)$$

つまり、ベクトル $\boldsymbol{a}$ は2種類の基底を用いて、次の2通りで表せます。

$$\begin{cases} \boldsymbol{a} = x_1\boldsymbol{a_1} + x_2\boldsymbol{a_2} + ... + x_n\boldsymbol{a_n} \\ \boldsymbol{a} = y_1\boldsymbol{b_1} + y_2\boldsymbol{b_2} + ... + y_n\boldsymbol{b_n} \end{cases}$$

この時、スカラー $x_1, ..., x_n$ を**縦に並べた**列ベクトルを $\boldsymbol{x}$ 、同じくスカラー $y_1, ..., y_n$ を**縦に並べた**列ベクトルを $\boldsymbol{y}$ とすると、シグマを含む複雑な計算を経ることで、 $\boldsymbol{x}$ と $\boldsymbol{y}$ の間に次式のような関係を導くことができます。(実際に計算してみよう)

変換の式

$$\boldsymbol{y} = P^{-1}\boldsymbol{x}$$

つまり、**ある基底に関する成分は、 P の逆行列 P^{-1} を左からかけることで、別の基底に関する成分に変換できます**。上の式を**変換の式**といい、基底を変換する行列 P のことを**変換の行列**といいます。

線形空間編

部分空間と生成系

線形空間の中にある小さな線形空間を部分空間といいます。部分空間であるための条件を示し、部分空間を生み出す「生成系」の存在に触れます。基底と生成系の違いについても学習します。

部分空間

ある線形空間 V の中から適当なベクトルを集めて部分集合 W を作ったら、実はその集合自身も線形空間だった！なんてことがあります。このような集合 W を、**V の部分空間**といいます。

W が V の部分空間である条件は、W が空集合ではなくて、かつ V の演算ルールが W の上で線形空間の7条件（詳しくは132ページの「線形空間って何？」を参照）を満たしていることです。しかし、V が線形空間ならば、その演算ルールは概ね線形空間の条件を満たしているはずなので、実は次の条件をチェックするだけで大丈夫です。

部分空間の条件

F 上の線形空間 V の部分集合 W が V の部分空間であるための必要十分条件は、次の3つを全て満たすことである。

条件1　W は空集合でない。つまり、$W \neq \phi$ である。

条件2　$\boldsymbol{a}, \boldsymbol{b} \in W$ ならば $\boldsymbol{a}+\boldsymbol{b} \in W$ である。(和の演算で閉じている)

条件3　$\boldsymbol{a} \in W,\ \lambda \in F$ ならば $\lambda\boldsymbol{a} \in W$ である。
(スカラー倍の演算で閉じている)

※ F はスカラーの集合のことで、実数集合または複素数集合である。

簡単に言えば、W 内の任意のベクトルで演算した時、その結果が常に W の中にあれば W は部分空間と言えるわけです。

条件2と3をまとめて次のように書くこともできます。

任意の $\boldsymbol{a}, \boldsymbol{b} \in W$ と任意の $\lambda, \mu \in F$ について、$\lambda\boldsymbol{a}+\mu\boldsymbol{b} \in W$ である。

有限生成な部分空間と生成系

適当なベクトルの一次結合で部分空間を作る

部分空間の簡単な作り方の話です。ざっくり言えば、ある線形空間の中からテキトーに何個かのベクトルを選べば、それらのベクトルの一次結合全体の集合を作るだけで部分空間を作れます。

有限生成な部分空間

集合 V は F 上の線形空間であり、 $\boldsymbol{a_1}, ..., \boldsymbol{a_r}$ は V の中にあるベクトルである。このとき、 $\boldsymbol{a_1}, ..., \boldsymbol{a_r}$ の一次結合全体の集合、つまり次に掲げる W は、 V の部分空間である。

$$W = \{x_1\boldsymbol{a_1} + x_2\boldsymbol{a_2} + ... + x_r\boldsymbol{a_r} \ ; \ x_1, ..., x_r \in F\}$$

実際、任意の一次結合同士で和やスカラー倍を計算しても結局は一次結合の形になる、つまり必ず一次結合全体の集合の中に含まれるので、上の成立を確認できます。

このような部分集合 W は特に **$\boldsymbol{a_1}, ..., \boldsymbol{a_r}$ によって生成された部分空間**といいます。そして、ベクトル $\boldsymbol{a_1}, ..., \boldsymbol{a_r}$ を **W の生成系**といいます。

生成系と基底の違い

生成系と基底って一緒じゃない？と思った方もいるでしょう。生成系は、部分空間をとにかく作るような線形集合 V 内のベクトルの組のことを言い、 **V からテキトーにベクトルを選べば生成系を作れます**。一方、基底は、生成系の中でも**選んだベクトルの組が一次独立であるもの**のことを言い、ただベクトルを選んだだけでは基底にならないこともあります。

一次独立であるかどうかの違いは、あるベクトルを成分表記するときに、**同じベクトルを複数通りの書き方で記述できてしまうか否か**に関わります。「 $(1, 2)$ と $(3, 4)$ は実は同じベクトルなんだ！」なんて状況は明らかに不便。なので、生成系の中でも「基底」の方がそうした不便がないだけ使い勝手が良いです。

基底の補充定理

今度は、親の基底の話です。部分空間の基底に、適切なベクトルをいくつか加えることで、親の線形空間の基底を作ることができます。

基底の補充定理

次元 n の線形空間 V の基底について考える。W を V の部分空間とし、その次元 $\dim W$ は r（ただし r は n 未満）とする。さらに、ベクトル $\boldsymbol{a_1}, ..., \boldsymbol{a_r}$ を W の基底とする。

このとき、$n-r$ **個**の V のベクトル $\boldsymbol{a_{r+1}}, ..., \boldsymbol{a_n}$ を適当に選ぶことで、n 個のベクトル $\boldsymbol{a_1}, ..., \boldsymbol{a_n}$ を V の基底にすることができる。

「補充定理」と名付けられているのは、部分空間の基底に、適当なベクトルを「補充」することで、親の線形空間の基底を作ることができるからです。

この定理の証明は、W の基底だけで表現できない V 内のベクトルを W の基底に加えると、「基底＆新しいベクトル」の組は一次独立になるので、今度は「基底＆新しいベクトル」で表せないベクトルを持ってきて…ってのを次元が n になるまで繰り返すことで示すことができます。

05

線形空間編

ベクトルの内積と直交

空間ベクトル編で扱った内積の考え方は、一部の線形空間にも適用することができます。線形空間におけるベクトルの内積と大きさ、なす角とは何かを学びます。今回は、スカラー倍に実数のみを用いる（＝虚数を使わない）「実線形空間」が前提です。

まず、内積は全ての線形空間に定義されているわけではありません。線形空間の中でも、内積が定義されているものを**計量線形空間**といいます。これから先は計量線形空間を前提とします。

ベクトルの内積と大きさ

ベクトルの内積

内積の演算は自分で定義するものですが、ある演算を内積というためには、その入出力や演算の性質に関するいくつかの条件をクリアする必要があります。

ベクトルの内積

V は実線形空間であり、V の中の任意のベクトル $\boldsymbol{a}$ と $\boldsymbol{b}$ に対して、実数 $(\boldsymbol{a}, \boldsymbol{b})$ が定まる上に、次の4条件を全て満たすとき、$(\boldsymbol{a}, \boldsymbol{b})$ を **$\boldsymbol{a}$ と $\boldsymbol{b}$ の内積**という。

条件1　順序を入れ替えても結果は変わらない。

$$(\boldsymbol{a}, \boldsymbol{b}) = (\boldsymbol{b}, \boldsymbol{a})$$

条件2　ベクトルの分配法則がある。

$$(\boldsymbol{a_1} + \boldsymbol{a_2}, \boldsymbol{b}) = (\boldsymbol{a_1}, \boldsymbol{b}) + (\boldsymbol{a_2}, \boldsymbol{b})$$

条件3　スカラー倍の計算順序を問わない。

$$(\lambda\boldsymbol{a}, \boldsymbol{b}) = \lambda(\boldsymbol{a}, \boldsymbol{b})$$

条件4　同じベクトルを与えても非負。(等号成立は $\boldsymbol{a} = \boldsymbol{o}$ のときのみ)

$$(\boldsymbol{a}, \boldsymbol{a}) \geq 0$$

今までも内積を扱ってきましたし、そこで内積のルールを教えてきました。しかし、今までの内積はあくまで上に掲げた「線形空間の内積」の条件を満たす1つの計算ルールに過ぎません。本来、内積の計算ルールは、上の条件さえ満たせばなんでも良いのです。

ベクトルの大きさ

ベクトルの大きさは、ベクトルの内積を用いて定義されます。

ベクトルの大きさ（長さ）

計量ベクトル空間の任意のベクトル $\boldsymbol{a}$ に対して、

$$\sqrt{(\boldsymbol{a}, \boldsymbol{a})}$$

を**ベクトル $\boldsymbol{a}$ の大きさ（または長さ）**といい、$|\boldsymbol{a}|$ と記す。

高校などで習った空間ベクトルの単元では、2つのベクトルの大きさとなす角のかけ算から内積を導きましたが、本来は内積があって初めて大きさが分かるのです。内積が先、大きさが後。

ちなみに、ベクトルの大きさには次に掲げる性質があります。

ベクトルの大きさの性質

- $|\boldsymbol{a}| \geq 0$（等号成立は $\boldsymbol{a} = \boldsymbol{o}$ のときに限る）
- $|\lambda \boldsymbol{a}| = |\lambda||\boldsymbol{a}|$（ただし、$\lambda$ は任意の実数）
- $|(\boldsymbol{a}, \boldsymbol{b})| \leq |\boldsymbol{a}||\boldsymbol{b}|$（**コーシー・シュワルツの不等式**という）
- $|\boldsymbol{a} + \boldsymbol{b}| \leq |\boldsymbol{a}| + |\boldsymbol{b}|$（**三角不等式**という）

内積の例

例 1：自然な内積

n 個の実数を 1 列に並べた実 n 次元数空間 $\mathbb{R}^n$ の中にある 2 つのベクトル $\boldsymbol{a} = (a_1, a_2, ..., a_n)$ と $\boldsymbol{b} = (b_1, b_2, ..., b_n)$ について、次式の計算ルールを定めると、これは内積の条件を満たすので内積と言えます（実際に確かめてみよう）。

$$(\boldsymbol{a}, \boldsymbol{b}) = a_1 b_1 + a_2 b_2 + ... + a_n b_n$$

この形、空間ベクトルの成分を使った内積の式とほぼ同じですよね？この内積は空間ベクトルにおける幾何学的な考察から自然に得られるルールですので、n 次元数線形空間上で定義できる内積の中でも、特に**自然な内積**または**標準内積**といい、ものすごくメジャーな立ち位置にいます。

ちなみに、大きさは $|\boldsymbol{a}| = \sqrt{{a_1}^2 + {a_2}^2 + ... + {a_n}^2}$ となります。

例 2：積分とかが入ってるけど内積

区間 $[-1, 1]$ で連続な関数全体は線形空間です。ここで、2 つの関数 f と g に対して次式の計算ルールを定めると、これは内積の条件を満たすので内積です。

$$(f, g) = \int_{-1}^{1} f(x) g(x) dx$$

このとき、大きさ $|f|$ は次式で表されます。

$$|f| = \sqrt{\int_{-1}^{1} (f(x))^2 dx}$$

ある領域内で連続な関数全体が線形空間となること、そして関数同士のかけ算の積分が内積になることは高校までのベクトル観では信じにくいはず。しかし、それぞれ線形空間と内積の条件を満たしているので、線形空間・内積です。

なす角と直交

2 ベクトルのなす角

ベクトルの大きさの性質で取り上げた**コーシー・シュワルツの不等式**から内積の絶対値を外して式を変形することで、線形空間 V 内のベクトル $\boldsymbol{a}$ と $\boldsymbol{b}$ がともに零ベクトルでない場合において、次の不等式が成り立つことがわかります。

$$-1 \leq \frac{(\boldsymbol{a}, \boldsymbol{b})}{|\boldsymbol{a}||\boldsymbol{b}|} \leq 1$$

範囲が、-1 から 1 までということは、「$\cos\theta$」を用いて上式の値と θ の値を $0 \leq \theta \leq \pi$ の範囲で一対一対応できます。ここで対応する θ のことを **$\boldsymbol{a}$ と $\boldsymbol{b}$ のなす角**として定義します。

2ベクトルのなす角

$$\cos\theta = \frac{(\boldsymbol{a}, \boldsymbol{b})}{|\boldsymbol{a}||\boldsymbol{b}|}$$

を満たす θ（$0 \leq \theta \leq \pi$）を **$\boldsymbol{a}$ と $\boldsymbol{b}$ のなす角**とする。

高校で習ったベクトルでは、長さとなす角ありきで内積が導かれてましたが、線形空間の世界では、内積ありきで長さが導かれ、さらに内積と長さがあってはじめてなす角を求めることができます。ちなみに、**2ベクトルのどちらか一方が零ベクトルならば、なす角は定義しない**こととします。

直交

内積が0ならば、2ベクトルは互いに直交するといいます。

定義
Definition

2ベクトルの直交

線形空間 V 内にある2つのベクトル $\boldsymbol{a}$ と $\boldsymbol{b}$ が次式を満たすとき、$\boldsymbol{a}$ と $\boldsymbol{b}$ は互いに**直交する**という。

$$(\boldsymbol{a}, \boldsymbol{b}) = 0$$

2ベクトルが直交するとき、必ずしもベクトル同士が直角に交わっているとは限らないことに注意です。例えば、零ベクトルを含む2ベクトルは、なす角こそ定義されませんが、内積が必ず0なので互いに直交します。

また、線形空間 V の中にある r 個のベクトル $\boldsymbol{a_1}, \ldots, \boldsymbol{a_r}$ から、どんな異なる2ベクトルを選んでも互いに直交するならば、$\boldsymbol{a_1}, \ldots, \boldsymbol{a_r}$ を**直交系**といいます。

06
#線形空間編

正規直交基底と直交行列

長さが全て１で、互いに直交しあう基底を正規直交基底といいます。正規直交基底を用いた成分表記における内積の値について解説し、後半では正規直交基底の変換とそれに付随して登場する直交行列の定義に触れます。

正規直交基底

正規直交系

線形空間 V の中にある r 個のベクトル $\boldsymbol{a_1}, ..., \boldsymbol{a_r}$ が、それぞれ長さ１で、かつどのような異なる２ベクトルを選んでもその内積がゼロになる（つまり直交する）とき、これらのベクトルを**正規直交系**といいます。これを数式を用いて表現すると次のようになります。

正規直交系

線形空間 V の中にある r 個のベクトル $\boldsymbol{a_1}, ..., \boldsymbol{a_r}$ が、次式を満たすとき、$\boldsymbol{a_1}, ..., \boldsymbol{a_r}$ を**正規直交系**という。

$$(\boldsymbol{a_i}, \boldsymbol{a_j}) = \delta_{ij}$$

ここで、δ_{ij} は、**クロネッカーのデルタ**といわれるもので、$i = j$ ならば「1」を、$i \neq j$ ならば「0」を取ります（まさに単位行列の i 行 j 列成分です）。上の式は、同じベクトルの内積ならば、「1」を返し（長さが 1）、異なるベクトルの内積ならば「0」を返す（直交する）というウマい構造になっています。

正規直交基底

これは簡単で、「正規直交系」かつ「基底」であるベクトルの組のことです。読んで字のごとくって感じですね。

正規直交基底

線形空間 V の次元が n で、n 個のベクトル $\boldsymbol{a_1}, ..., \boldsymbol{a_n}$ が V の基底でありかつ、正規直交系であるとき、$\boldsymbol{a_1}, ..., \boldsymbol{a_n}$ を**正規直交基底**という。

内積が定義されている線形空間（計量線形空間）ならば、絶対に正規直交基底を作ることができます。なぜなら、計量線形空間の基底を使って正規直交基底を作る方法が存在するからです。そんな夢の方法の 1 つが**シュミットの直交化法**といわれるものです。この方法は 193 ページの「フロベニウスの定理」に記しています。

正規直交基底の成分と「自然な内積」

正規直交基底の一次結合で内積を取るとスッキリ

正規直交基底を用いた成分表示の話です。次元 n の計量線形空間 V について、ある正規直交基底に基づいて、2 つのベクトル $\boldsymbol{a}$ と $\boldsymbol{b}$ を次の通り成分表記するとします。

$$\boldsymbol{a} = (a_1, a_2, ..., a_n)$$
$$\boldsymbol{b} = (b_1, b_2, ..., b_n)$$

このとき、両者の内積 $(\boldsymbol{a}, \boldsymbol{b})$ は次式のようになります。

$$(\boldsymbol{a}, \boldsymbol{b}) = \sum_{i=1}^{n} a_i b_i$$

実際に内積を計算すると、基底をなすベクトル同士の内積がたくさん出てきて複雑な式となります。しかし、正規直交基底では異なるベクトルの内積が 0 に、同じベクトルの内積が 1 になるので、最終的に上のようなスッキリとした形に落ち着きます。同様の計算を 124 ページの「内積と外積を成分で導く」に記しています。

計量線形空間は「自然な内積」に通じる

さて、この内積の形、どこかで見たことがあると思います。そう、146 ページの「ベクトルの内積と直交」で扱った、n 個の実数を並べて作る実 n 次元数

空間 $\mathbb{R}^n$ における**自然な内積**と同じですよね。

実は、どんな n 次元の線形空間であっても、内積さえ定義されていれば、正規直交基底を取ってこれの成分表記で捉えることで、実質的に $\mathbb{R}^n$ と同じものとして扱うことができます。**全ての n 次元計量線形空間は、$\mathbb{R}^n$ に帰着する**んですね。

正規直交基底を変換する

141 ページの「基底の変換」で述べた通り、線形空間の基底は、**変換の行列**というものを用いた演算を通じて、異なる基底を生み出すことができます。ここでは、正規直交基底から別の正規直交基底に変換するときに使う変換の行列の性質について考えます。

まず、線形空間 V の次元は n で、2 つのベクトルの組「$\boldsymbol{a_1}, ..., \boldsymbol{a_n}$」と「$\boldsymbol{b_1}, ..., \boldsymbol{b_n}$」は共に V の正規直交基底とします。変換の行列を $P = [p_{ij}]$ として $\boldsymbol{a_1}, ..., \boldsymbol{a_n}$ から $\boldsymbol{b_1}, ..., \boldsymbol{b_n}$ を生み出せるとします。つまり、次式の関係があります。

$$
\begin{aligned}
\boldsymbol{b_j} &= p_{1j}\boldsymbol{a_1} + p_{2j}\boldsymbol{a_2} + ... + p_{nj}\boldsymbol{a_n} \\
&= \sum_{k=1}^{n} p_{kj}\boldsymbol{a_k}
\end{aligned}
$$

さて、行列 P はどんな行列なんでしょうか。

$\boldsymbol{a_1}, ..., \boldsymbol{a_n}$ が正規直交基底であることを利用すると、次式を導き出せます。

$$
\begin{aligned}
(\boldsymbol{b_i}, \boldsymbol{b_j}) &= (\sum_{k=1}^{n} p_{ki}\boldsymbol{a_k}, \sum_{l=1}^{n} p_{lj}\boldsymbol{a_l}) \\
&= \sum_{k=1}^{n}\sum_{l=1}^{n} p_{ki}p_{lj}(\boldsymbol{a_k}, \boldsymbol{a_l}) \\
&= \sum_{k=1}^{n} p_{ki}p_{kj}
\end{aligned}
$$

1 段目から 2 段目の変形は、内積がもつ分配法則の性質に基づいて愚直に展開しただけです。そして、$\boldsymbol{a_1}, ..., \boldsymbol{a_n}$ が正規直交基底であることを利用して、2 段目の中から異なるベクトルの内積を 0 として消し去り、同じベクトルの内積を 1 として成分のみを残した結果、3 段目の式が得られます。

ところで、3 段目の式って、ある 2 行列の積の成分を表してそうな見た目をしています。実際、P の転置行列 ${}^tP$ の成分を $p'_{ij}(=p_{ji})$ とすると、次式が成立します。

$$\sum_{k=1}^{n} p_{ki}p_{kj} = \sum_{k=1}^{n} p'_{ik}p_{kj}$$

これの右辺って積 ${}^tPP$ の i 行 j 列成分そのものですよね？

さて、正規直交基底の定義から、基底 $\boldsymbol{b_1}, ..., \boldsymbol{b_n}$ が正規直交系であること（つまり正規直交基底である）と、次式の成立は同値でした。

$$(\boldsymbol{b_i}, \boldsymbol{b_j}) = \delta_{ij}$$

つまり、これらから次の等式が成り立ちます。

$$\sum_{k=1}^{n} p'_{ik}p_{kj} = \delta_{ij}$$

クロネッカーのデルタ δ_{ij} は単位行列 i 行 j 列成分に相当すると言いました。つまり、この式は**積 ${}^tPP$ が単位行列に等しい**ことを表しているのです。

以上をまとめると次のようになります。

変換の行列 P を用いて正規直交基底 $\boldsymbol{a_1}, ..., \boldsymbol{a_n}$ から別の基底 $\boldsymbol{b_1}, ..., \boldsymbol{b_n}$ を作るとき、次の命題が成立する。

$${}^tPP = E \Leftrightarrow \boldsymbol{b_1}, ..., \boldsymbol{b_n} \text{ は正規直交基底}$$

ちなみに、${}^tPP = E$ を満たす行列 P のことを**直交行列**といいます。さらに、直交行列 P の中でも、その行列式 $|P|$ が 1 であるようなものを特に**回転行列**といいます。

例えば、次の行列は、回転行列です。（${}^tR_\theta R_\theta = E$ と $|R_\theta| = 1$ が共に成り立つことを計算して確かめよう！）

$$R_\theta = \begin{pmatrix} \cos\theta & -\sin\theta \\ \sin\theta & \cos\theta \end{pmatrix}$$

07

#線形空間編

シュミットの直交化法

機械的な操作を通じて、なんでもない基底から正規直交基底を作る方法として「シュミットの直交化法（グラム・シュミットの正規直交化法）」というものがあります。この方法の手順を３次元の空間ベクトルを例にして図解します。

シュミットの直交化法でできること

シュミットの直交化法を使うと、ある線形空間の基底をなす一次独立な n 本のベクトルから、その線形空間の正規直交基底を作ることができます。

たとえ、ベクトルの長さがバラバラで、ベクトル同士のなす角が直角でなかったとしても、シュミットの直交化法の力で、全部の長さが 1 で、互いに直交する一次独立なベクトルを生み出せます。

手法の流れ

シュミットの直交化法を数式で説明すると次の通り。初学者の方は遠慮なく読み飛ばしてください。

ある線形空間の基底をなすベクトルを $\boldsymbol{a_1}, ..., \boldsymbol{a_n}$ として、その空間の正規直交基底を作りましょう。

Step1. ベクトル達を直交化する

次の数式を用いて、新しいベクトル $\boldsymbol{x_1}, ..., \boldsymbol{x_n}$ を順番に生成していきます。

$$\boldsymbol{x_1} \leftarrow \boldsymbol{a_1}$$

$$\boldsymbol{x_2} \leftarrow \boldsymbol{a_2} - \frac{(\boldsymbol{a_2}, \boldsymbol{x_1})}{(\boldsymbol{x_1}, \boldsymbol{x_1})}\boldsymbol{x_1}$$

$$\boldsymbol{x_3} \leftarrow \boldsymbol{a_3} - \left(\frac{(\boldsymbol{a_3}, \boldsymbol{x_1})}{(\boldsymbol{x_1}, \boldsymbol{x_1})}\boldsymbol{x_1} + \frac{(\boldsymbol{a_3}, \boldsymbol{x_2})}{(\boldsymbol{x_2}, \boldsymbol{x_2})}\boldsymbol{x_2}\right)$$

$$\cdots$$

$$\boldsymbol{x_n} \leftarrow \boldsymbol{a_n} - \sum_{k=1}^{n-1} \frac{(\boldsymbol{a_n}, \boldsymbol{x_k})}{(\boldsymbol{x_k}, \boldsymbol{x_k})}\boldsymbol{x_k}$$

この作り方によって、$\boldsymbol{x_1}, ..., \boldsymbol{x_n}$ は、全て互いに直交するベクトルの組になります。

Step2. ベクトル達を正規化する

$\boldsymbol{x_1}, ..., \boldsymbol{x_n}$ の長さを 1 に揃えます。方法は簡単で、ベクトルに対して、そのベクトルの大きさを割る（つまり逆数をスカラー倍する）だけです。

$$\boldsymbol{x_i} \leftarrow \frac{1}{|\boldsymbol{x_i}|}\boldsymbol{x_i} \ (i = 1, 2, ..., n)$$

これで、$\boldsymbol{x_1}, ..., \boldsymbol{x_n}$ は、正規直交基底になりましたとさ、めでたしめでたし。

簡単に書くとこんな感じです。正規化の Step はまだ簡単ですが、直交化の Step は数式が複雑でいまいちよく分からないと思います。後ほど図を使って直交化の Step を直感的に捉えてみましょう。

直交化の過程で零ベクトルができないの？

Step1 の式をパッと見るに、$\boldsymbol{x_1}, ..., \boldsymbol{x_n}$ のどれかが零ベクトルになる（つまり長さで割れない）ことが無いか疑問に思うかもしれません。しかし、**Step1** にある、ベクトル $\boldsymbol{x_1}, ..., \boldsymbol{x_n}$ を生み出す式は、結局のところベクトル $\boldsymbol{a_1}, ..., \boldsymbol{a_n}$ の一次結合の形に過ぎません。$\boldsymbol{a_1}, ..., \boldsymbol{a_n}$ は基底であり一次独立である前提があります。$\boldsymbol{x_i}$ が零ベクトルになることは、$\boldsymbol{a_1}, ..., \boldsymbol{a_n}$ の一次独立と矛盾するためあり得ません。

3 次元空間に対する例

シュミットの直交化法そのものは、あらゆる次元の空間に対応しますが、ここでは 3 次元空間を例にして直交化の流れを図解していきます。

一を聞いて十を悟る賢い人のためにオチを言うと、「**毎度 $\boldsymbol{a_i}$ から下ろした垂線そのものを $\boldsymbol{x_i}$ としている**」ってことです。$\boldsymbol{x_2}$ は、$\boldsymbol{a_2}$ の先端から**線**に下ろした垂線であり、$\boldsymbol{x_3}$ は、$\boldsymbol{a_3}$ の先端から**平面**に下ろした垂線です。どういうことなのか、今から図解します。

前提

ここでは一次独立な３本の空間ベクトルを用意して、シュミットの直交化法を適用します。用意したベクトルはこんな感じ。

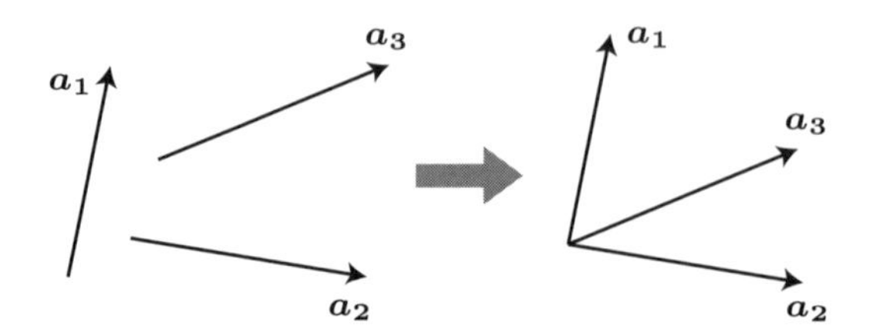

図の左側のように、ベクトルはそれぞれバラバラの方向を向いています。ただし、一次独立なので、３本は同じ平面にはありません。ベクトルはどこへ動かしても同じなので、比較しやすいようにベクトルの根元を揃えました。

ここから新しく $\boldsymbol{x_1}, \boldsymbol{x_2}, \boldsymbol{x_3}$ を作っていきます。

１本目のベクトル作り

$\boldsymbol{x_1}$ は $\boldsymbol{a_1}$ とします。それだけです。

$$\boldsymbol{x_1} \leftarrow \boldsymbol{a_1}$$

２本目のベクトル作り

さて、ここからが本番。$\boldsymbol{x_2}$ の作り方です。次式から求められるのでした。

$$\boldsymbol{x_2} \leftarrow \boldsymbol{a_2} - \frac{(\boldsymbol{a_2}, \boldsymbol{x_1})}{(\boldsymbol{x_1}, \boldsymbol{x_1})}\boldsymbol{x_1}$$

ここで、実は $\boldsymbol{x_2}$ を生成するために、$\boldsymbol{a_2}$ と $\boldsymbol{x_1}$ の２本のベクトルしか使っていないことに着目！そこで、さっきの図から、この２本を抽出して考えます。

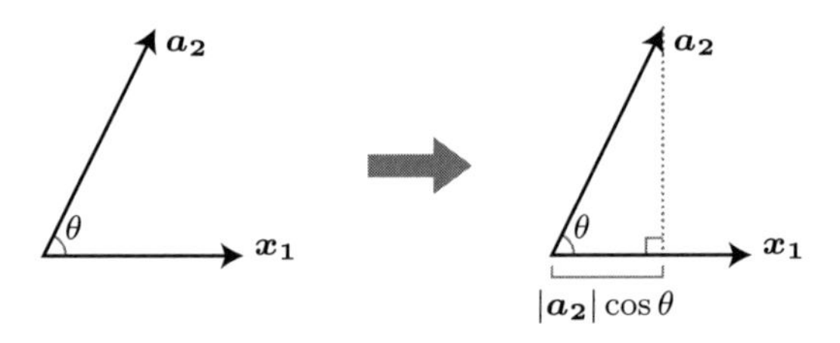

２本のベクトルは、図の左のような感じで配置しています。ここで、２ベクトルのなす角は θ としました。このとき、図の右のように、$\boldsymbol{a_2}$ の先端から $\boldsymbol{x_1}$

（ $\boldsymbol{a_1}$ と同じ）へ垂線を下ろすと、**根元から垂線の足までの距離は $|\boldsymbol{a_2}|\cos\theta$ になります**。まずはこのことをしっかり押さえておきましょう！

さて、ここで、上の式の最後の項（ $\frac{(\boldsymbol{a_2},\boldsymbol{x_1})}{(\boldsymbol{x_1},\boldsymbol{x_1})}\boldsymbol{x_1}$ ）が何を表すかを考えます。複雑な形こそしていますが、展開と約分をすることでその姿が見えてきます。

$$\begin{aligned}\frac{(\boldsymbol{a_2},\boldsymbol{x_1})}{(\boldsymbol{x_1},\boldsymbol{x_1})}\boldsymbol{x_1} &= \frac{|\boldsymbol{a_2}||\boldsymbol{x_1}|\cos\theta}{|\boldsymbol{x_1}|^2}\boldsymbol{x_1} \\ &= |\boldsymbol{a_2}|\cos\theta\frac{1}{|\boldsymbol{x_1}|}\boldsymbol{x_1}\end{aligned}$$

これより、 $|\boldsymbol{a_2}|\cos\theta$ と $\frac{1}{|\boldsymbol{x_1}|}\boldsymbol{x_1}$ の積であることが分かりました。まず、前者は、先ほどの**根元から垂線の足までの距離**です。そして、後者は、「 $\boldsymbol{x_1}$ と同じ向きで長さが1のベクトル」です。つまり、後者のベクトルに、前者のスカラーを掛け合わせることで、「**根元から垂線の足までの距離を長さにもつ、 $\boldsymbol{x_1}$ と同じ向きのベクトル**」が爆誕するわけです！

つまり、このベクトルは次の図の左側で示したものに相当します。

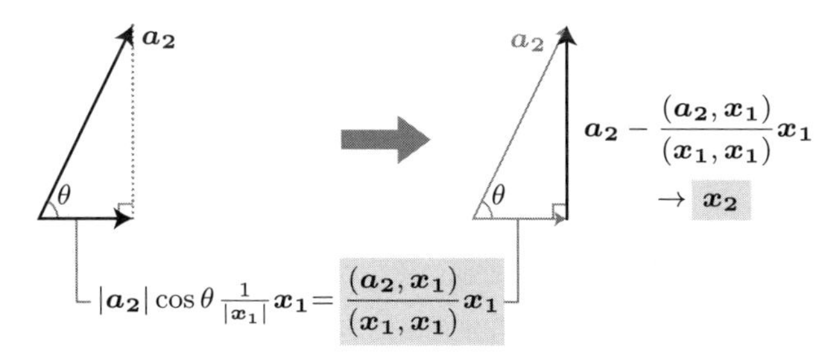

$\boldsymbol{x_2}$ は、 $\boldsymbol{a_2}$ からこのベクトルを引くことで生み出せます。もうお判りだと思いますが、図の右側で示したように、**$\boldsymbol{x_2}$ は、 $\boldsymbol{a_2}$ の先端から $\boldsymbol{x_1}$ 上にたらした垂線そのもの**になるわけです。そりゃ、 $\boldsymbol{x_2}$ と $\boldsymbol{x_1}$ は直交しますね。

3本目のベクトル作り

次に、3本目のベクトル $\boldsymbol{x_3}$ を作りましょう。これは次式で求められました。

$$\boldsymbol{x_3} \leftarrow \boldsymbol{a_3} - \Big(\frac{(\boldsymbol{a_3}, \boldsymbol{x_1})}{(\boldsymbol{x_1}, \boldsymbol{x_1})}\boldsymbol{x_1} + \frac{(\boldsymbol{a_3}, \boldsymbol{x_2})}{(\boldsymbol{x_2}, \boldsymbol{x_2})}\boldsymbol{x_2}\Big)$$

ますます複雑！しかし、原理は $\boldsymbol{x_2}$ を求めた時とそう変わりません。ここでは、既に求めた互いに直交なベクトル $\boldsymbol{x_1}$ & $\boldsymbol{x_2}$ と、新しいベクトル $\boldsymbol{a_3}$ が登場人物となります。そこで、この3ベクトルのみを抜き出して考えます。次の図の左側みたいな感じです。どうせ垂線を使うので、 $\boldsymbol{a_3}$ の先端からそれぞれのベクトルに垂線を下ろしておきました（図の右側）。

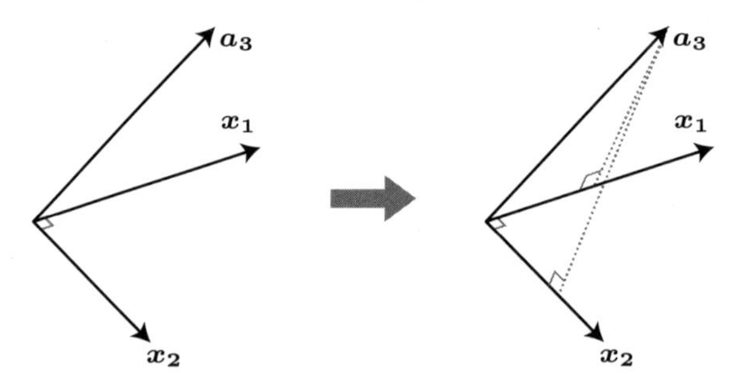

上の式を構成する後ろの2項（ $\frac{(\boldsymbol{a_3}, \boldsymbol{x_1})}{(\boldsymbol{x_1}, \boldsymbol{x_1})}\boldsymbol{x_1}$ と $\frac{(\boldsymbol{a_3}, \boldsymbol{x_2})}{(\boldsymbol{x_2}, \boldsymbol{x_2})}\boldsymbol{x_2}$ ）は、 $\boldsymbol{x_2}$ を求めたときみたく、それぞれ、次の図の左側に示したベクトルを表します。そして、平面的に表現しているのですごく分かりにくいのですが、この3つのベクトル、実は図の右側のように直方体を形作っています。

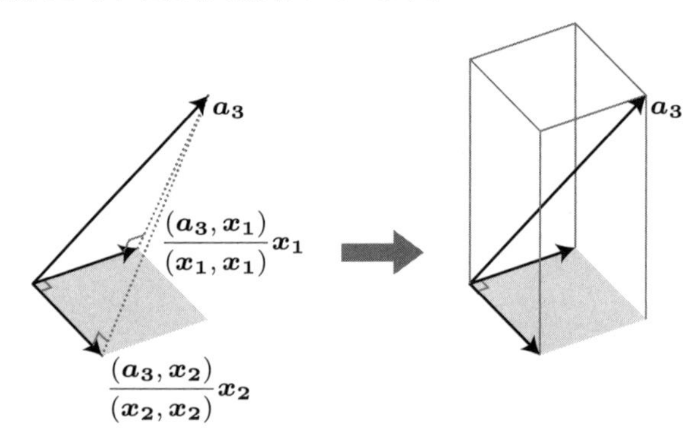

ここまできたら、$\boldsymbol{x}_3$ まであと少し。次の図の左側で底面を斜めに走るベクトルは、先ほどの２ベクトルを足し合わせたものです。そして、$\boldsymbol{a}_3$ からこのベクトルを引くと、図の右側で上向きに走るベクトルとなります。

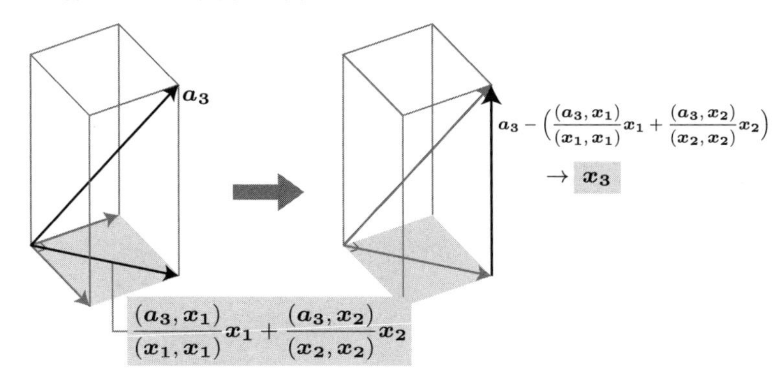

お判りいただけると思いますが、これって、$\boldsymbol{x}_1$ と $\boldsymbol{x}_2$ が作る平面に対して $\boldsymbol{a}_3$ から下ろした垂線そのものなんですね。そりゃ、$\boldsymbol{x}_3$ と $\boldsymbol{x}_2$、$\boldsymbol{x}_3$ と $\boldsymbol{x}_1$ はともに直交します。

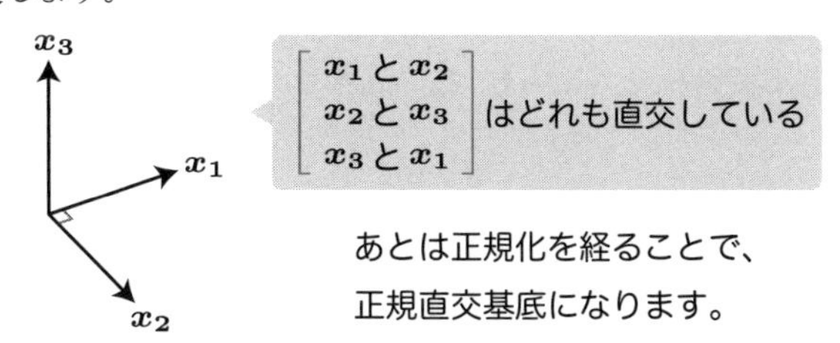

以上の図解を通じて、冒頭で述べた「**$\boldsymbol{a}_i$ から下ろした垂線そのものを $\boldsymbol{x}_i$ としている**」の意味が直感的にお分かりいただけたかと思います。

QUESTION

［章末問題］

Q1 3次元数線形空間 $\mathbb{R}^3$ の要素 (x, y, z) の中で、
次の各条件を満たす要素の集合が $\mathbb{R}^3$ の部分空間になるか調べよ。

① $x + 2y + 3z = 0$

② $x + 2y + 3z = 1$

③ $x + y \geq 0$

Q2 ある線形空間のベクトル $\boldsymbol{a}, \boldsymbol{b}, \boldsymbol{c}$ は一次独立である。
このとき、次のベクトルは一次独立か一次従属のどちらか。

① $\boldsymbol{a} + 3\boldsymbol{b}$ と $\boldsymbol{a} - \boldsymbol{b}$ と $2\boldsymbol{a} + 2\boldsymbol{b} + \boldsymbol{c}$

② $\boldsymbol{a} + 3\boldsymbol{b} + \boldsymbol{c}$ と $\boldsymbol{a} - \boldsymbol{b}$ と $2\boldsymbol{a} + 2\boldsymbol{b} + \boldsymbol{c}$

Q3 次のベクトルの自然な内積と、なす角を求めよ。

① $\boldsymbol{a} = \begin{pmatrix} -1 \\ 1 \end{pmatrix}$ と $\boldsymbol{b} = \begin{pmatrix} 0 \\ 2 \end{pmatrix}$　　② $\boldsymbol{a} = \begin{pmatrix} 1 \\ 0 \\ 1 \\ 1 \end{pmatrix}$ と $\boldsymbol{b} = \begin{pmatrix} 1 \\ 1 \\ 1 \\ 1 \end{pmatrix}$

Q4 3次元数線形空間 $\mathbb{R}^3$ の基底を次のように変換する変換行列を求めよ。

$$\begin{pmatrix} 0 \\ 2 \\ 0 \end{pmatrix} と \begin{pmatrix} 2 \\ 1 \\ 1 \end{pmatrix} と \begin{pmatrix} 3 \\ -1 \\ 2 \end{pmatrix} \Rightarrow \begin{pmatrix} 1 \\ 3 \\ 1 \end{pmatrix} と \begin{pmatrix} 2 \\ 0 \\ -1 \end{pmatrix} と \begin{pmatrix} 3 \\ -1 \\ 2 \end{pmatrix}$$

Q5 シュミットの直交化法を用いて次のベクトルから正規直交系を作れ。

$$\boldsymbol{a_1} = \begin{pmatrix} 1 \\ -1 \\ 0 \end{pmatrix} \qquad \boldsymbol{a_2} = \begin{pmatrix} 1 \\ 0 \\ 2 \end{pmatrix} \qquad \boldsymbol{a_3} = \begin{pmatrix} 1 \\ 1 \\ -1 \end{pmatrix}$$

ANSWER

［解答解説］

Q1 3次元数線形空間 $\mathbb{R}^3$ の要素 (x, y, z) の中で、次の各条件を満たす要素の集合が $\mathbb{R}^3$ の部分空間になるか調べよ。

各問について、集合の 2 要素を $\boldsymbol{a} = (x_1, y_1, z_1), \boldsymbol{b} = (x_2, y_2, z_2)$ として、任意のスカラーを λ, μ とします。そして、次の演算結果もまた各問の集合の要素か（各条件を満たすか）を確認します。

$$\lambda \boldsymbol{a} + \mu \boldsymbol{b} = (\lambda x_1 + \mu x_2, \lambda y_1 + \mu y_2, \lambda z_1 + \mu z_2)$$

① 条件式の左辺に代入して、$(\lambda x_1+\mu x_2)+2(\lambda y_1+\mu y_2)+3(\lambda z_1+\mu z_2)$

$= \lambda(x_1+2y_1+3z_1)+\mu(y_1+2y_2+3z_2)$

$= \lambda\times0+\mu\times0 = 0$

よって、λ, μ の値に関わらず条件を満たすので、**部分空間である。**

② 条件式の左辺に代入して、$(\lambda x_1+\mu x_2)+2(\lambda y_1+\mu y_2)+3(\lambda z_1+\mu z_2)$

$= \lambda(x_1+2y_1+3z_1)+\mu(y_1+2y_2+3z_2)$

$= \lambda\times1+\mu\times1 = \lambda+\mu$

例えば $(\lambda, \mu) = (0, 0)$ のときは 1 以外になるので、**部分空間でない。**

③ 条件式の左辺に代入して、$(\lambda x_1 + \mu x_2) + (\lambda y_1 + \mu y_2)$

$= \lambda\underbrace{(x_1 + y_1)}_{\geq 0} + \mu\underbrace{(x_2 + y_2)}_{\geq 0}$

例えば $(\lambda, \mu) = (-1, -1)$ のときは 0 未満になるので、**部分空間でない。**

Q2 ある線形空間のベクトル $\boldsymbol{a}, \boldsymbol{b}, \boldsymbol{c}$ は一次独立である。このとき、次のベクトルは一次独立か一次従属のどちらか。

① $x(\boldsymbol{a} + 3\boldsymbol{b}) + y(\boldsymbol{a} - \boldsymbol{b}) + z(2\boldsymbol{a} + 2\boldsymbol{b} + \boldsymbol{c}) = \boldsymbol{o}$

が成り立つとき、(x, y, z) の組が $(0, 0, 0)$ 以外存在しないか確かめます。

$$左辺 = (x+y+2z)\boldsymbol{a} + (3x-y+2z)\boldsymbol{b} + z\boldsymbol{c} = \boldsymbol{o}$$

$\boldsymbol{a}, \boldsymbol{b}, \boldsymbol{c}$ は 1 次独立なので、どれも 0

よって、次の連立方程式が成立。

$$\begin{cases} x + y + 2z = 0 \\ 3x - y + 2z = 0 \\ z = 0 \end{cases}$$

係数行列の行列式≠0 だから

これは、$(x, y, z) = (0, 0, 0)$ 以外の解、つまり非自明解を持たないため、1 次独立である。

② $x(\boldsymbol{a} + 3\boldsymbol{b} + \boldsymbol{c}) + y(\boldsymbol{a} - \boldsymbol{b}) + z(2\boldsymbol{a} + 2\boldsymbol{b} + \boldsymbol{c}) = \boldsymbol{o}$

が成り立つとき、(x, y, z) の組が $(0, 0, 0)$ 以外存在しないか確かめます。

$$\text{左辺} = (x+y+2z)\boldsymbol{a} + (3x-y+2z)\boldsymbol{b} + (x+z)\boldsymbol{c} = \boldsymbol{o}$$

$\boldsymbol{a}, \boldsymbol{b}, \boldsymbol{c}$ は 1 次独立なので、どれも 0

よって、次の連立方程式が成立。

$$\begin{cases} x + y + 2z = 0 \\ 3x - y + 2z = 0 \\ x \quad + z = 0 \end{cases}$$

係数行列の行列式=0 だから

これは、$(x, y, z) = (0, 0, 0)$ 以外の解、つまり非自明解を持つため、1 次従属である。

Q3 次のベクトルの自然な内積と、なす角を求めよ。

① **内積** $(\boldsymbol{a}, \boldsymbol{b}) = (-1 \times 0) + (1 \times 2) = \underline{2}$

なす角 $\dfrac{(\boldsymbol{a}, \boldsymbol{b})}{|\boldsymbol{a}||\boldsymbol{b}|} = \dfrac{2}{\sqrt{(-1)^2 + 1^2}\sqrt{0^2 + 2^2}} = \dfrac{1}{\sqrt{2}} = \cos \underline{\dfrac{\pi}{4}}$

② **内積** $(\boldsymbol{a}, \boldsymbol{b}) = (1 \times 1) + (0 \times 1) + (1 \times 1) + (1 \times 1) = \underline{3}$

なす角 $\dfrac{(\boldsymbol{a}, \boldsymbol{b})}{|\boldsymbol{a}||\boldsymbol{b}|} = \dfrac{3}{\sqrt{1^2 + 0^2 + 1^2 + 1^2}\sqrt{1^2 + 1^2 + 1^2 + 1^2}} = \dfrac{\sqrt{3}}{2} = \cos \underline{\dfrac{\pi}{6}}$

Q4 3 次元数線形空間 $\mathbb{R}^3$ の基底を次のように変換する変換行列を求めよ。

変換行列の定義にしたがい、次式を満たす行列 P を求めます。

$$\begin{pmatrix} 1 & 2 & 3 \\ 3 & 0 & -1 \\ 1 & -1 & 2 \end{pmatrix} = \begin{pmatrix} 0 & 2 & 3 \\ 2 & 1 & -1 \\ 0 & 1 & 2 \end{pmatrix} P$$

列ベクトルは基底

これを解くと、

$$P = \frac{1}{2}\begin{pmatrix} 5 & -11 & 0 \\ -2 & 14 & 0 \\ 2 & -8 & 2 \end{pmatrix}$$

Q5 **シュミットの直交化法を用いて次のベクトルから正規直交系を作れ。**

まずは公式にしたがって直交基底を作ります。

$$\boldsymbol{x_1} = \boldsymbol{a_1} = \begin{pmatrix} 1 \\ -1 \\ 0 \end{pmatrix}$$

$$\boldsymbol{x_2} = \boldsymbol{a_2} - \frac{(\boldsymbol{a_2}, \boldsymbol{x_1})}{(\boldsymbol{x_1}, \boldsymbol{x_1})}\boldsymbol{x_1} = \begin{pmatrix} 1 \\ 0 \\ 2 \end{pmatrix} - \frac{1 \times 1 + 0 \times (-1) + 2 \times 0}{1^2 + (-1)^2 + 0^2}\begin{pmatrix} 1 \\ -1 \\ 0 \end{pmatrix} = \begin{pmatrix} \frac{1}{2} \\ \frac{1}{2} \\ 2 \end{pmatrix}$$

$$\boldsymbol{x_3} = \boldsymbol{a_3} - \left(\frac{(\boldsymbol{a_3}, \boldsymbol{x_1})}{(\boldsymbol{x_1}, \boldsymbol{x_1})}\boldsymbol{x_1} + \frac{(\boldsymbol{a_3}, \boldsymbol{x_2})}{(\boldsymbol{x_2}, \boldsymbol{x_2})}\boldsymbol{x_2}\right)$$

$$= \begin{pmatrix} 1 \\ 1 \\ -1 \end{pmatrix} - \left\{\frac{1 \times 1 + 1 \times (-1) + (-1) \times 0}{2}\begin{pmatrix} 1 \\ -1 \\ 0 \end{pmatrix} + \frac{1 \times \frac{1}{2} + 1 \times \frac{1}{2} + (-1) \times 2}{(\frac{1}{2})^2 + (\frac{1}{2})^2 + 2^2}\begin{pmatrix} \frac{1}{2} \\ \frac{1}{2} \\ 2 \end{pmatrix}\right\}$$

$$= \begin{pmatrix} 1 \\ 1 \\ -1 \end{pmatrix} - \left\{0\begin{pmatrix} 1 \\ -1 \\ 0 \end{pmatrix} + \frac{-2}{9}\begin{pmatrix} \frac{1}{2} \\ \frac{1}{2} \\ 2 \end{pmatrix}\right\}$$

$(\boldsymbol{x_1}, \boldsymbol{x_1})$は既に求めたので途中式を省略しました

$$= \begin{pmatrix} \frac{10}{9} \\ \frac{10}{9} \\ -\frac{5}{9} \end{pmatrix}$$

最後に自身の長さの逆数でスカラー倍して正規化します。

$$\frac{1}{|\boldsymbol{x_1}|}\boldsymbol{x_1} = \frac{1}{\sqrt{2}}\begin{pmatrix} 1 \\ -1 \\ 0 \end{pmatrix} \qquad \frac{1}{|\boldsymbol{x_2}|}\boldsymbol{x_2} = \frac{1}{3\sqrt{2}}\begin{pmatrix} 1 \\ 1 \\ 4 \end{pmatrix} \qquad \frac{1}{|\boldsymbol{x_3}|}\boldsymbol{x_3} = \frac{1}{3}\begin{pmatrix} 2 \\ 2 \\ -1 \end{pmatrix}$$

以上から正規直交基底は次の通り。

$$\frac{1}{\sqrt{2}}\begin{pmatrix} 1 \\ -1 \\ 0 \end{pmatrix} \text{ と } \frac{1}{3\sqrt{2}}\begin{pmatrix} 1 \\ 1 \\ 4 \end{pmatrix} \text{ と } \frac{1}{3}\begin{pmatrix} 2 \\ 2 \\ -1 \end{pmatrix}$$

06

固有値編

正方行列がもつ重要な指標として固有値と固有ベクトルがあります。これらは線形変換といわれるベクトルの変換の性質を示す指標であり、産業にも応用されている存在です。ここでは、固有値と固有ベクトルの求め方を紹介して、これらが絡む周辺の理論を学びます。

01

固有値編

固有値と固有ベクトルって何？

［固有値と固有ベクトルは、ある行列に対して与えられる指標のひとつであり、線形代数のキモの1つです。固有値と固有ベクトルとは何なのかを説明し、実世界での応用例と、固有値と固有ベクトルの具体例を簡単に紹介します。］

固有値と固有ベクトルって何？

線形代数では、次式のように、あるベクトル $\boldsymbol{x}$ に対して**正方**行列 A を左から掛けて別のベクトルに変換する操作がよく使われます。

$$\boldsymbol{x}' = A\boldsymbol{x}$$

これを**行列 A による線形変換**といいます。

線形変換をすると、ほとんどのベクトルは A との掛け算に基づいて全く別のベクトルに変化します。しかし、中にはベクトルの大きさこそ変わるけど、向きは変わらないベクトルが存在することがあります。つまり、次式のように、ベクトル $A\boldsymbol{x}$ が、同じベクトル $\boldsymbol{x}$ のスカラー倍の形で書けることがあります。

$$A\boldsymbol{x} = \lambda\boldsymbol{x}$$

ここで、**向きが変わらない特別なベクトル $\boldsymbol{x}$ を固有ベクトル**といい、変換後における**ベクトルの大きさの変化率 λ を固有値**といいます。固有値と固有ベクトルはセットになっていて、ある行列 A に対していくつかのセットがある場合がほとんどです。ちなみに、$A\boldsymbol{x} = \lambda\boldsymbol{x}$ は、$\boldsymbol{x}$ が零ベクトルならばどんな場合でも成り立ちますが、ふつう零ベクトルは固有ベクトルと見なしません。

これって何に役立つの？

固有値と固有ベクトルは、ある行列を用いた**線形変換の特徴を示す指標**の1つです。線形代数で習う事柄の中でも固有値&固有ベクトルは特に幅広く活用されています。その利用例は枚挙にいとまがありません。

- 検索エンジンのアルゴリズム（Google の PageRank）
- 統計学（主成分分析という手法など）
- 量子力学（時間に依存しないシュレーディンガー方程式）

簡単な例

次に掲げる2次元の正方行列 A を考えます。

$$A = \begin{pmatrix} 5 & 3 \\ 4 & 9 \end{pmatrix}$$

まずは、なんの変哲もないベクトル $\boldsymbol{x} = \begin{pmatrix} 2 \\ 1 \end{pmatrix}$ を線形変換します。

$$A\boldsymbol{x} = \begin{pmatrix} 5 & 3 \\ 4 & 9 \end{pmatrix} \begin{pmatrix} 2 \\ 1 \end{pmatrix} = \begin{pmatrix} 13 \\ 17 \end{pmatrix}$$

このように全然違う向きのベクトルが生成されました。固有ベクトル以外の大多数のベクトルは、線形変換を通じてこのような挙動をします。

一方で、固有ベクトルを与えるとどうでしょう。試しに A の固有ベクトルである $\boldsymbol{x} = \begin{pmatrix} -3 \\ 2 \end{pmatrix}$ を線形変換します。

$$A\boldsymbol{x} = \begin{pmatrix} 5 & 3 \\ 4 & 9 \end{pmatrix} \begin{pmatrix} -3 \\ 2 \end{pmatrix} = \begin{pmatrix} -9 \\ 6 \end{pmatrix} = 3 \begin{pmatrix} -3 \\ 2 \end{pmatrix}$$

なんということでしょう。変換前後でベクトルの向きが変わらないではありませんか。長さは3倍になりましたが、この変化率「3」は行列 A の固有値の1つです。

ちなみに、$\boldsymbol{x} = \begin{pmatrix} -3 \\ 2 \end{pmatrix}$ と異なる向きをもつ他の固有ベクトルを探すことで、行列 A の固有値をもう一つ見つけることができます。他の固有値&固有ベクトルを求める方法は、これから紹介します。

02

固有値編

固有値と固有ベクトルの求め方

［固有値と固有ベクトルは行列や線形変換における重要な指標ですが、これをノーヒントで探すのは至難の業です。そこで、賢い先人たちは知恵を絞って固有値と固有ベクトルを手取り早く探す（＝固有値問題を解く）方法を編み出しました。］

固有値と固有ベクトルの求め方

ある正方行列 A について、 $A\boldsymbol{x} = \lambda\boldsymbol{x}$ を満たすような λ と $\boldsymbol{x}$ の組み合わせを求める問題、つまり固有値とそれに対する固有ベクトルを求める問題を**固有値問題**といいます。

固有値問題を解く方法の 1 つが、**固有方程式**（**特性方程式**ともいいます）というものを解く方法です。

固有値と固有ベクトルの求め方

Step1. 固有方程式を解いて固有値を導く

固有方程式とは、次に掲げる λ についての方程式のことです。

$$|A - \lambda E| = 0$$

左辺は、行列 $(A - \lambda E)$ の行列式で、**固有多項式**といいます。解 λ が複数個見つかった場合、その全てが A の固有値です。

Step2. 固有値に対する固有ベクトルを導く

見つかった固有値（固有方程式の解 λ ）の 1 つ 1 つに対して、次の連立方程式の非自明解（零ベクトル以外の解）を求めます。

$$(A - \lambda E)\boldsymbol{x} = \boldsymbol{o}$$

求めた非自明解 $\boldsymbol{x}$ が、その固有値に対する固有ベクトルです。

固有ベクトルは、1 つの固有値に対して無数に現れます。**Step2** にある通り、固有ベクトルは同次形の連立 1 次方程式の非自明解だからです。固有ベクトルを求める問題に遭遇した時は、特別な指示がない限り、任意変数を用いた網羅的な解答を記述するのが無難です。どういうことか、その具体例は後述します。

固有方程式で固有値がわかるワケ

固有方程式なんてものが突如登場しましたが、なぜこれを解くことで固有値が出せるのでしょうか。

まず、固有値の定義から、ある固有値 λ に対する固有ベクトルを求める問題は、次式を満たす $\boldsymbol{x}$ ($\neq \boldsymbol{o}$) を求める問題に帰着します。

$$A\boldsymbol{x} = \lambda\boldsymbol{x}$$

この式は、両辺の左から単位行列 E を掛けて、右辺を左辺へ移項することで、次のように変形できます。(中辺は、左辺から $\boldsymbol{x}$ を括りました)

$$A\boldsymbol{x} - \lambda E\boldsymbol{x} = (A - \lambda E)\boldsymbol{x} = \boldsymbol{o}$$

つまり、**ある固有値 λ に対する固有ベクトルを求める問題は、連立方程式 $(A - \lambda E)\boldsymbol{x} = \boldsymbol{o}$ の非自明解（零ベクトル以外の解）を求めること**、とも言い換えられます。

そもそも**固有ベクトルが存在するためには、この連立方程式が非自明解を持たなければなりません**（自明解＝零ベクトルは固有ベクトルとして扱われない)。101 ページの「連立方程式の解と行列式」より、非自明解を持つことと、行列 $(A - \lambda E)$ の行列式が 0 であることは同値です。つまり、**「$|A - \lambda E| = 0$」を満たす λ さえ選べば、$A\boldsymbol{x} = \lambda\boldsymbol{x}$ は非自明解を持ちます**。そして、その非自明解を導いたとき、λ は固有値、非自明解 $\boldsymbol{x}$ は λ に対する固有ベクトルそのものになります。

実際に固有値問題を解いてみよう！

固有値問題を解く要領を掴むため、簡単な行列の固有値と固有ベクトルを実際に求めてみましょう。ここでは、簡単のために2次元の正方行列 A を使います。

$$A = \begin{pmatrix} 5 & 3 \\ 4 & 9 \end{pmatrix}$$

Step1. 固有方程式を解く

まずは、固有方程式の左辺（固有多項式）を整理しましょう。

$$\begin{aligned} |A - \lambda E| &= \left| \begin{pmatrix} 5 & 3 \\ 4 & 9 \end{pmatrix} - \lambda \begin{pmatrix} 1 & 0 \\ 0 & 1 \end{pmatrix} \right| \\ &= \begin{bmatrix} 5-\lambda & 3 \\ 4 & 9-\lambda \end{bmatrix} \\ &= (5-\lambda)(9-\lambda) - 3 * 4 \\ &= (\lambda - 3)(\lambda - 11) \end{aligned}$$

よって、固有方程式は次のような式となります。

$$(\lambda - 3)(\lambda - 11) = 0$$

この解は $\lambda = 3, 11$ です。よって、 **A の固有値は「3」と「11」です。**

Step2. 各固有値に対する固有ベクトルを導く

次は、求めた固有値に対する固有ベクトルを求めましょう。

固有値「3」に対する固有ベクトル

連立方程式 $(A - 3E)\boldsymbol{x} = \boldsymbol{o}$ の非自明解を求めましょう。

これはつまり、次式に相当します。

$$\begin{pmatrix} 2 & 3 \\ 4 & 6 \end{pmatrix} \boldsymbol{x} = \begin{pmatrix} 0 \\ 0 \end{pmatrix}$$

これの非自明解、つまり固有ベクトルは、次の通りです。（ k は0以外の任意の実数）

$$\boldsymbol{x} = k \begin{pmatrix} -3 \\ 2 \end{pmatrix}$$

ちなみに、このベクトルは166ページの「固有値と固有ベクトルって何？」で固有ベクトルとして与えたものです

固有値「11」に対する固有ベクトル

連立方程式 $(A-11E)\boldsymbol{x}=\boldsymbol{o}$ の非自明解を求めましょう。

これはつまり、次式に相当します。

$$\begin{pmatrix}-6 & 3\\ 4 & -2\end{pmatrix}\boldsymbol{x}=\begin{pmatrix}0\\0\end{pmatrix}$$

これの非自明解、つまり固有ベクトルは、次の通りです。(k は0以外の任意の実数)

$$\boldsymbol{x}=k\begin{pmatrix}1\\2\end{pmatrix}$$

先述した通り、固有ベクトルの解は、基本的に**0以外の任意の実数倍**の形となり、同じ向きの固有ベクトルが無数に生まれます。ちなみに、行列によっては、1つの固有値に対する固有ベクトルが、ある複数のベクトルの一次結合の形になることもあります。

例えば、次の行列の固有値は「2」です。

$$A=\begin{pmatrix}2 & 0\\ 0 & 2\end{pmatrix}$$

固有値「2」に対する固有ベクトルを求めると、

$$\boldsymbol{x}=\lambda\begin{pmatrix}1\\0\end{pmatrix}+\mu\begin{pmatrix}0\\1\end{pmatrix}$$

というように複数ベクトルの一次結合の形になります。(λ と μ は $\lambda=\mu=0$ 以外の任意の実数の組)

03

固有値編

対角和（トレース）と固有値

行列の対角成分を足し合わせただけの「対角和」という値は、固有値との間に深い関係があります。両者の関係を、固有方程式の左辺である「固有多項式」の展開を通じて明らかにしていきます。

対角和（トレース）

対角和とは、ある行列の対角成分の総和のことです。

対角和（トレース）

正方行列 $A = [a_{ij}]$ の対角成分の総和を、A の**対角和（トレース）**といい、$\mathrm{tr}A$ と記す。

$$\mathrm{tr}A = a_{11} + a_{22} + \ldots + a_{nn}$$

名前を付けるまでも無いようなシンプルな値ですが、あとで固有値との関係が明らかになります。

固有多項式

固有多項式って何？

168 ページの「固有値と固有ベクトルの求め方」でも軽く触れましたが、固有方程式の左辺（$|A - \lambda E|$）を**固有多項式**といいます。

固有多項式

次に掲げる多項式を**固有多項式**という。

$$\begin{aligned}\phi(t) &= |A - tE| \\ &= \begin{vmatrix} a_{11} - t & a_{12} & \ldots & a_{1n} \\ a_{21} & a_{22} - t & \ldots & a_{2n} \\ \vdots & \vdots & \ddots & \vdots \\ a_{n1} & a_{n2} & \ldots & a_{nn} - t \end{vmatrix}\end{aligned}$$

固有多項式の係数を求める

固有多項式を展開するのは、ものすごく大変です。しかし、一部の項の係数ならば簡単に分かりそうです。実は行列式の定義を用いると、t^n と t^{n-1} の係数ならば簡単に求められます。

t^n の係数

これは、対角成分を全て掛け合わせた次の多項式

$$(a_{11}-t)(a_{22}-t)\ldots(a_{nn}-t)$$

における t^n の係数と等しくなります。よって、係数は $(-1)^n$ です。

t^{n-1} の係数

これも、対角成分を全て掛け合わせた次の多項式から求められます。

$$(a_{11}-t)(a_{22}-t)\ldots(a_{nn}-t)$$

この多項式と、固有多項式は、t^{n-1} の係数が同じです。上の式を展開すると、t^{n-1} の係数は $(-1)^{n-1}(a_{11}+a_{22}+\ldots+a_{nn})$ です。対角和を用いて $(-1)^{n-1}\mathrm{tr}A$ と書くこともできます。

ちなみに、定数項も簡単に導けます。**定数項は、$|A|$ そのものです。**（t を除いて考えた結果です）

対角成分の積だけで係数が分かるワケ

これらの係数が、対角成分同士を掛け合わせた多項式から求められるのはなぜでしょう。

行列式の定義を思い出しましょう。行列式は、ざっくり言えば「n 個の成分を、行または列の重複なく選んで掛け合わせた積を、全ての選び方で網羅的に集めて（符号を適宜加えた上で）足し合わせたもの」でした。ここで、「行または列の重複なく選んで掛け合わせた積」の中に t^n や t^{n-1} が含まれるような選び方は、全ての対角成分を選ぶ方法以外ありえません（手作業で展開すると分かりますが、これ以外の選び方でできる積は全て t^{n-2} 以下しか持ちません）。ですので、t^n や t^{n-1} の係数を考える上で対角成分同士の積しか見ないのです。

対角和と固有値

対角和と固有値の関係

固有方程式は固有値を解に持ちます。つまり、A の固有値を $\lambda_1, ..., \lambda_n$ として、先ほど求めた t^n の係数に注意することで、固有多項式は次のように表すこともできます。($(-1)^n$ によって、t^n の係数を合わせています)

$$\phi(t) = (-1)^n(t-\lambda_1)(t-\lambda_2)\cdots(t-\lambda_n)$$

固有方程式を、「行列の成分を用いた表現」「行列の固有値を用いた表現」の 2 通りで表せるということは、変数の係数を両者で比較することによって、成分と固有値の間に一定の関係を見出だすことができそうです。

まず、上の式を展開すると、t^{n-1} の係数が次式で表せることが分かります。

$$(-1)^{n-1}(\lambda_1+\lambda_2+\ldots+\lambda_n)$$

これと、先ほど求めた t^{n-1} の係数を比較すると、次の関係が得られます。

対角和と固有値の関係

$$\mathrm{tr}A = \lambda_1+\lambda_2+\ldots+\lambda_n$$

つまり、**行列 A の対角和と、A の固有値の和は等しい**のです。こういった性質から、対角和（トレース）は「固有和」といわれることもあります。

具体例

毎度おなじみ、2 次元の正方行列 A を用いて成立を確かめましょう。

$$A = \begin{pmatrix} 5 & 3 \\ 4 & 9 \end{pmatrix}$$

まず、168 ページの「固有値と固有ベクトルの求め方」で求めた通り、A の固有値は 3 と 11 です。つまり、固有値の総和は、$3+11=14$ です。

次に、A の対角和を計算しましょう。これも簡単で、$5+9=14$ です。

どちらも「14」で一致したので、対角和と固有値の総和が等しいことが確かめられました。

行列式と固有値

行列式と固有値の関係

$$\phi(t) = (-1)^n(t-\lambda_1)(t-\lambda_2)\cdots(t-\lambda_n)$$

の展開を通じて、固有多項式の定数項が $\lambda_1\lambda_2\ldots\lambda_n$ であることも分かります。これと、さっき求めた定数項との比較から、次の関係が得られます。

行列式と固有値の関係

$$|A| = \lambda_1\lambda_2\ldots\lambda_n$$

行列 A の行列式と A の固有値の積が等しいなんて綺麗な関係性ですね。

具体例

毎度おなじみ、2 次元の正方行列 A を用いて成立を確かめましょう。

$$A = \begin{pmatrix} 5 & 3 \\ 4 & 9 \end{pmatrix}$$

前述の通り、A の固有値は 3 と 11 です。つまり、全ての固有値を掛け合わせると、$3 \times 11 = 33$ です。

次に、A の行列式 $|A|$ を計算しましょう。

$$5 \times 9 - 3 \times 4 = 45 - 12 = 33$$

どちらも「33」で一致したので、行列式と固有値の積が等しいことが確かめられました。

04

固有値編

行列の対角化

［ 行列の対角成分以外が 0 であるものを対角行列といいます。ある行列はある操作を通じて対角行列に変換できて、そのような操作を対角化といいます。対角化のメリットや、元の行列の固有値との関係、対角化できるための条件を示します。 ］

対角化とは？

行列の対角化と対角化可能

ある正方行列 A に対して適当な正則行列 P を用意すると、積 $P^{-1}AP$ が対角行列になることがあります。このようにして対角行列を作ることを**対角化**といい、対角化できるような P が存在することを**対角化可能**といいます。

定義 Definition

行列の対角化と対角化可能

ある正方行列 A に対して、次式が成立する正則行列 P が存在するとき、A は**対角化可能**という。

$$P^{-1}AP = \begin{pmatrix} a_1 & 0 & \dots & 0 \\ 0 & a_2 & \dots & 0 \\ \vdots & \vdots & \ddots & \vdots \\ 0 & 0 & \dots & a_n \end{pmatrix}$$

また、そうして対角行列を作ることを**対角化**という。

対角化の便利なところ

対角化の良いところの 1 つは、行列の n 乗計算が楽になることです。対角行列の n 乗は、元の対角成分の n 乗を成分にもつ対角行列です。

$$A = \begin{pmatrix} x & 0 \\ 0 & y \end{pmatrix} \to A^n = \begin{pmatrix} x^n & 0 \\ 0 & y^n \end{pmatrix}$$

よって、行列の n 乗を計算する際は、対角化をして、対角行列の累乗を求めると楽になります。

$$
\begin{aligned}
(P^{-1}AP)^n &= P^{-1}APP^{-1}AP \cdots P^{-1}AP \\
&= P^{-1}AA \cdots AP \\
&= P^{-1}A^nP
\end{aligned}
$$

より

$$A^n = P(P^{-1}AP)^nP^{-1}$$

$(P^{-1}AP)^n$ は対角行列の n 乗なので簡単に求められます。

固有値との関係

対角化によって生み出された対角行列の成分、そして対角化で用いた P の列ベクトルにはある関係性があります。

対角化と固有値・固有ベクトル

$$P^{-1}AP = \begin{pmatrix} a_1 & 0 & \dots & 0 \\ 0 & a_2 & \dots & 0 \\ \vdots & \vdots & \ddots & \vdots \\ 0 & 0 & \dots & a_n \end{pmatrix}$$

が成立するとき、

$P = (\boldsymbol{p_1}\ \boldsymbol{p_2}\ \dots\ \boldsymbol{p_n})$ とすると、**成分** $a_1, ..., a_n$ **はどれも行列** A **の固有値**であり、**列ベクトル** $\boldsymbol{p_1}, ..., \boldsymbol{p_n}$ **は固有値** $a_1, ..., a_n$ **にそれぞれ対応する固有ベクトル**である。

つまり、対角化をすると、行列の固有値・固有ベクトルが全て分かります。

2 次正方行列を用いて成立を確かめましょう。まず、対角化可能な 2 次正方行列 A を用意します。 A はある 2 次の正則行列 $P = (\boldsymbol{p_1}\ \boldsymbol{p_2})$ を用いて次のように対角化できます。

$$P^{-1}AP = \begin{pmatrix} \alpha & 0 \\ 0 & \beta \end{pmatrix}$$

あとはこれを変形するだけです。次式は、上の式の両辺に左から P をかけたところから始まります。

$$AP = P\begin{pmatrix}\alpha & 0\\ 0 & \beta\end{pmatrix}$$

$$A(\boldsymbol{p_1}\ \boldsymbol{p_2}) = (\boldsymbol{p_1}\ \boldsymbol{p_2})\begin{pmatrix}\alpha & 0\\ 0 & \beta\end{pmatrix}$$

$$(A\boldsymbol{p_1}\ A\boldsymbol{p_2}) = (\alpha\boldsymbol{p_1}\ \beta\boldsymbol{p_2})$$

成分比較すると次式にまとめられます。

$$\begin{cases} A\boldsymbol{p_1} = \alpha\boldsymbol{p_1} \\ A\boldsymbol{p_2} = \beta\boldsymbol{p_2} \end{cases}$$

これはまさに固有値・固有ベクトルの定義の式です。ここから、α と β が固有値であること、$\boldsymbol{p_1}$ と $\boldsymbol{p_2}$ がそれぞれの固有値に対応する固有ベクトルであることがわかりました。

対角化可能の条件

対角化は全ての正方行列でできるとは限りません。しかし、次のような条件が成立するならば、対角化をすることができます。

対角化可能の条件に関する定理

n 次の正方行列 A について次の命題が成立する。

A は互いに一次独立な固有ベクトルを n 個持つ $\iff$ A は対角化可能

この定理から、対角化可能であるか調べる場合は、次の３ステップを経ることになります。

Step. 1　固有値を求める

Step. 2　対応する固有ベクトルを求める

Step. 3　次数と同じ数の固有ベクトルが互いに一次独立か調べる

実際に対角化してみよう！

次の行列を対角してみましょう！

$$A = \begin{pmatrix} 5 & 3 \\ 4 & 9 \end{pmatrix}$$

Step1. 固有値と固有ベクトルを求める

次のような固有方程式を解けば良いのでした。

$$\begin{vmatrix} 5-t & 3 \\ 4 & 9-t \end{vmatrix} = 0$$

左辺の行列式を展開して、変形すると次式のようになります。

$$(5-\lambda)(9-\lambda) - 3 \times 4 = 0$$
$$(\lambda - 3)(\lambda - 11) = 0$$

よって、固有値は 3 と 11 です！

次に固有ベクトルを求めます。

これは、「 $\boldsymbol{Ax} = 3\boldsymbol{x}$ 」と「 $\boldsymbol{Ax} = 11\boldsymbol{x}$ 」をちまちま解くことで導かれます。

面倒な計算を経ると次の結果が得られます（固有ベクトルは無数にある中の 1 組です）。

$$3 \;—\; \begin{pmatrix} -3 \\ 2 \end{pmatrix} \qquad 11 \;—\; \begin{pmatrix} 1 \\ 2 \end{pmatrix}$$

固有値　固有ベクトル　　　固有値　固有ベクトル

Step2. 対角化できるかどうか調べる

対角化可能の条件「次数と同じ数の固有ベクトルが互いに一次独立」が成立するか調べます。上に掲げた 2 つの固有ベクトルは、互いに一次独立です。正方行列 A の次数は 2 で、これは一次独立な固有ベクトルの個数と同じです。

よって、 A **は対角化可能であることが確かめられました**！

Step3. 固有ベクトルを並べる

最後は、2つの固有ベクトルを横に並べて正方行列を作ります。これが行列 P となります。

$$P = \begin{pmatrix} -3 & 1 \\ 2 & 2 \end{pmatrix}$$

このとき、$P^{-1}AP$ は対角行列になるのです。

Extra. 対角化チェック

せっかくなので対角化できるかチェックしましょう。

行列 P の逆行列は次の通りです（頑張って計算しました)。

$$P^{-1} = \frac{1}{8}\begin{pmatrix} -2 & 1 \\ 2 & 3 \end{pmatrix}$$

$P^{-1}AP$ を計算しましょう。

$$\begin{aligned} P^{-1}AP &= \frac{1}{8}\begin{pmatrix} -2 & 1 \\ 2 & 3 \end{pmatrix}\begin{pmatrix} 5 & 3 \\ 4 & 9 \end{pmatrix}\begin{pmatrix} -3 & 1 \\ 2 & 2 \end{pmatrix} \\ &= \frac{1}{8}\begin{pmatrix} -6 & 3 \\ 22 & 33 \end{pmatrix}\begin{pmatrix} -3 & 1 \\ 2 & 2 \end{pmatrix} \\ &= \begin{pmatrix} 3 & 0 \\ 0 & 11 \end{pmatrix} \end{aligned}$$

これで対角化できました！対角成分が A の固有値で構成されているのもわかりますね。

対称行列の対角化の性質

行列の対角化は全ての行列でできる訳ではありません。しかし、対称行列を相手にするなら絶対に対角化することができます。対称行列の対角化にフォーカスを当てて、その性質などを見ていきます。

対称行列は直交行列を使えば絶対に対角化できること、逆に直交行列は対称行列以外の行列を対角化できないことを説明します。説明が長くなるので、ところどころ読み飛ばしても問題ありません。

対称行列と直交行列のおさらい

今回は、対称行列と直交行列がキーになるので一旦復習しましょう。

対称行列とは

対称行列とは、行列の対角成分を軸に右上と左下が対称になっている正方行列（正方形の行列）のことです。

$$A=\begin{pmatrix}1 & 6 & 4\\ 6 & 7 & 12\\ 4 & 12 & 3\end{pmatrix}$$

もう少し厳密に言うなら、**転置しても変わらない行列のこと**です。

$$^tA=A$$

行列の成分は、実数だったり複素数（虚数 i を含む数）だったりするわけですが、ここでは実数の成分だけをもつ行列を扱います。実数のみを成分として持つ対称行列のことを特に**実対称行列**といいます。

直交行列とは

直交行列とは、転置との積が単位行列 E になる行列です。

$$^tAA=E$$

式を変形すると、**転置が逆行列そのものである行列**とも言えます。

$$^tA=A^{-1}$$

対称行列は直交行列で対角化できる！？

行列の対角化は、必ずしも全ての行列でできる訳ではありません。しかし、対称行列の場合、**直交行列**を使うことで必ず対角化できます。その理由は、行列がもつ次の２つの性質を組み合わせて説明できます。

性質１　実対称行列の固有値は全て実数

性質２　固有値が全て実数の行列は三角化可能

性質１. 実対称行列の固有値は全て実数

実対称行列は固有値として複素数を含みません。この性質が成り立つ理由は、複素数の固有値が存在すると仮定して、その共役（虚数部分の±を変えたもの）と比較することでわかります。

まず、実対称行列 A が持つ複素数の固有値の１つを λ 、λ の共役を $\bar{\lambda}$ とします。λ は固有値なので、固有値の定義から $A\boldsymbol{x} = \lambda\boldsymbol{x}$ が成り立ちます。この式は、両辺の各要素を全て共役に置き換えても成り立つので、$\bar{A}\bar{\boldsymbol{x}} = \bar{\lambda}\bar{\boldsymbol{x}}$ です。

A の成分は全て実数（虚数部分が 0）なので、$A = \bar{A}$ です。よって、上の式は次のように変えられます。

$$A\bar{\boldsymbol{x}} = \bar{\lambda}\bar{\boldsymbol{x}}$$

次に両辺を転置します。２つの行列について ${}^t(AB) = {}^tB^tA$ が成り立つこと、A は対称行列なので $A = {}^tA$ であることに注意すると、次式が成立します。

$${}^t\bar{\boldsymbol{x}}A = \bar{\lambda}{}^t\bar{\boldsymbol{x}}$$

ここで、突然ですが $\bar{\lambda}{}^t\bar{\boldsymbol{x}}\boldsymbol{x}$ を変形します。

$$\bar{\lambda}{}^t\bar{\boldsymbol{x}}\boldsymbol{x} = {}^t\bar{\boldsymbol{x}}A\boldsymbol{x} = {}^t\bar{\boldsymbol{x}}\lambda\boldsymbol{x} = \lambda{}^t\bar{\boldsymbol{x}}\boldsymbol{x}$$

よって、$\bar{\lambda}{}^t\bar{\boldsymbol{x}}\boldsymbol{x} = \lambda{}^t\bar{\boldsymbol{x}}\boldsymbol{x}$ です。

ところで、${}^t\bar{\boldsymbol{x}}\boldsymbol{x}$ は、互いに共役の関係にある２ベクトルの内積（つまりスカラー）です。$(a+bi)(a-bi) = a^2 + b^2 > 0$ より、次式が成り立ちます。

$${}^t\bar{\boldsymbol{x}}\boldsymbol{x} = \bar{x_1}x_1 + \ldots + \bar{x_n}x_n > 0$$

よって、${}^t\bar{\boldsymbol{x}}\boldsymbol{x} \neq 0$ なので、「$\bar{\lambda}{}^t\bar{\boldsymbol{x}}\boldsymbol{x} = \lambda{}^t\bar{\boldsymbol{x}}\boldsymbol{x}$」の両辺から内積を割って、$\lambda = \bar{\lambda}$ を導くことができます。共役と値が同じということは、λ の虚数部分は 0、つまり固有値 λ は実数ということを表します。

性質 2. 固有値が全て実数の行列は三角化可能

実正方行列（成分が全て実数の正方形な行列）の中でも、**固有値が全て実数であるものは、適当な直交行列を用いることで「三角化」できる**ことが知られています。三角化とは、 $P^{-1}AP$ を計算して、対角成分の左下が全てゼロになるような行列を作ることです。

$$P^{-1}AP = \begin{pmatrix} 1 & 6 & 4 \\ 0 & 7 & 12 \\ 0 & 0 & 3 \end{pmatrix}$$

対角化ができるワケ

性質 1 より、実対称行列は固有値が全部実数なので、**性質 2** より、実対称行列は三角化できます。つまり、実対称行列 A に対して、ある直交行列 P を用意することで、次式のように三角化できます。

$$P^{-1}AP = \begin{pmatrix} a_{11} & a_{12} & \dots & a_{1n} \\ 0 & a_{22} & \dots & a_{2n} \\ \vdots & \vdots & \ddots & \vdots \\ 0 & 0 & \dots & a_{nn} \end{pmatrix}$$

次は左辺の転置を考えます。ちまちま式変形をしましょう。ここで、 P は直交行列なので $P^tP = E$ 、つまり、 $P^{-1} = {}^tP$ が成り立つこと、そして A は対称行列なので $A = {}^tA$ が成り立つことに注意してくださいね。

$${}^t(P^{-1}AP) = ({}^tP^tA^tP^{-1}) = P^{-1}AP$$

これより、 ${}^t(P^{-1}AP) = P^{-1}AP$ 、要するに $P^{-1}AP$ が対称行列であることが示されました。

- $P^{-1}AP$ は、左下が全部ゼロの三角行列である
- $P^{-1}AP$ は、対称行列である

の 2 点から、 $P^{-1}AP$ **は右上もゼロであることがわかります**。これは $P^{-1}AP$ **が対角行列である**ことに他なりません。

ゆえに、実対称行列 A は直交行列を用いて対角化できることが言えます。

直交行列で対角化できるのは対称行列だけ！

対称行列は、直交行列を用いて対角化できます。逆に、**直交行列を用いて対角化できる行列は対称行列しかありません**。これも簡単な式変形で示せます。

下式の P は、A を対角化するのに用いる直交行列です。もちろん、$P^{-1}AP$ は対角行列（対角成分以外がゼロで揃っているので**対称行列でもある**）ですよ。

$$P^{-1}AP = {}^t(P^{-1}AP) = {}^t({}^tPAP) = {}^tP{}^tAP = P^{-1}{}^tAP$$

上の式の左端と右端から、下式が成立します。

$$P^{-1}AP = P^{-1}{}^tAP$$

両辺に対して、左から P を、右から P^{-1} を掛けると、「$A = {}^tA$」になります。つまり、**直交行列で対角化できた場合、A は対称行列である**ということがわかります。

対称行列と対角化可能性の関係

以上の議論を組み合わせると、対称行列と、直交行列による対角化可能性の間には、次のような同値関係が成立します。

直交行列による対角化の必要十分条件

n 次の実正方行列 A について、

A が対称行列である $\iff$ A は直交行列によって対角化可能

06

固有値編

正方行列の三角化

［ 行列の対角化は全ての行列でできる訳ではありません。対角化は、ある条件を満たした行列のみに適用できる特別な操作なのです。一方で、全ての正方行列に許されている操作があります。それが今回学習する三角化です。 ］

三角化ってなに？

三角行列について

以前登場しましたが、改めて説明します。**三角行列とは、対角成分よりも左下または右上の成分が全て 0 の行列のこと**です。特に、左下が全て 0 の行列は**上三角行列**、右上が全て 0 の行列は**下三角行列**といいます。

$$\begin{pmatrix} 1 & 6 & 4 \\ 0 & 7 & 12 \\ 0 & 0 & 3 \end{pmatrix} \qquad \begin{pmatrix} 1 & 0 & 0 \\ 7 & 2 & 0 \\ 5 & 6 & 3 \end{pmatrix}$$

上三角行列　　　　下三角行列

三角行列は、成分のほぼ半分がゼロです。そのため三角行列を含む式は計算が比較的簡単で、線形代数を実用する上で重要な役割を果たします。

行列の三角化

どの正方行列も、ある適当な正則行列 P を用いて積 $P^{-1}AP$ を三角行列（上三角行列）にできます。こうして三角行列を作ることを**三角化**といいます。

行列の三角化

任意の正方行列 A に対して、次式が成立する適当な正則行列 P が存在する。そして、右辺の対角成分 $a_{11}, a_{22}, \ldots, a_{nn}$ は、A の固有値である。

$$P^{-1}AP = \begin{pmatrix} a_{11} & a_{12} & \ldots & a_{1n} \\ 0 & a_{22} & \ldots & a_{2n} \\ \vdots & \vdots & \ddots & \vdots \\ 0 & 0 & \ldots & a_{nn} \end{pmatrix}$$

こうして三角行列 (上三角行列) を作ることを**三角化**という。

対角化は、できる場合とできない場合がありました。一方で、**三角化は正方行列である限り必ずできます**。

また、三角化そのものは下三角行列を作ることも指します。しかし、上半分行列を作ることと本質的に大違ないので、線形代数の授業では、簡単のため上半分行列を作ることに限定する場合がほとんどです。

全ての正方行列で三角化できることは、数学的帰納法を用いて証明できます。(ここでは証明を割愛します)

直交行列を用いた三角化

正方行列の中でも特に、**正方行列の固有値が全て実数である場合は、直交行列で三角化できます**。

ちなみに、**正方行列の固有値の中に複素数が含まれる場合、ユニタリ行列といわれる行列を用いることで三角化できます**。ユニタリ行列とは、言ってみれば複素数版の直交行列のような存在です。具体的には、ある行列を転置して、全ての成分を共伴な複素数（虚数部分の符号を入れ替えた複素数）に置き換えてできた行列（**随伴行列**といいます）が、ある行列の逆行列をなす行列のことです。

三角化の具体的な方法

実際に三角化するのは大変です。しかも、実用においては、三角行列よりもさらに簡単な形で利便性の高い**ジョルダン標準形**という形を作ることの方が多いので、実際に三角化を行う場面は多くありません。(ジョルダン標準形は発展的な内容なので本書では扱いません）ここでは、レポートで三角化を強いられた方のために三角化の方法を載せます。

三角化の方法はおおよそ次の通りです。

Step. 1　固有値＆固有ベクトルを求める

Step. 2　ある固有ベクトルと直交なベクトルを集める

Step. 3　ベクトルの大きさを 1 にして並べる

Step. 4　一回り小さい行列に同じことをする

Step. 5　全ての P を掛け合わせる

ここでは、次の行列を例にして三角化していきます。

$$A = \begin{pmatrix} 0 & -2 & -2 \\ -1 & 1 & 2 \\ -1 & -1 & 2 \end{pmatrix}$$

この行列は、次数が3なのに対して固有ベクトルが2つしかありません。したがって、**対角化することはできません**。

Step1. 固有値と固有ベクトルを求める

ちまちまと計算して求めましょう（計算過程は省略）。A の固有値と固有ベクトルの組は次の2つです。

$$2 \text{ ―― } \begin{pmatrix} 1 \\ -1 \\ 0 \end{pmatrix} \qquad -1 \text{ ―― } \begin{pmatrix} 8 \\ 1 \\ 3 \end{pmatrix}$$

固有値　固有ベクトル　　固有値　固有ベクトル

Step2. ある固有ベクトルと直交なベクトルを集める

固有ベクトルの中から好きなものを1つ選びます。そして、**選んだ固有ベクトルを含み、かつ互いに直交な次数個のベクトルを用意します**。ここでは、A が3次元の行列なので、3本のベクトルの組を用意します。直交するベクトルは適当に探しましょう。

ここでは、上式の左の固有ベクトルを選んで、互いに直交する3本のベクトルの組を作りました。

$$\begin{pmatrix} 1 \\ -1 \\ 0 \end{pmatrix} \qquad \begin{pmatrix} 1 \\ 1 \\ 0 \end{pmatrix} \qquad \begin{pmatrix} 0 \\ 0 \\ 1 \end{pmatrix}$$

Step3. ベクトルの大きさを1にして並べる

ベクトルの組み合わせは長さがバラバラだと思います。適当にスカラー倍して長さを1に揃えましょう。

$$\begin{pmatrix} \frac{1}{\sqrt{2}} \\ \frac{-1}{\sqrt{2}} \\ 0 \end{pmatrix} \qquad \begin{pmatrix} \frac{1}{\sqrt{2}} \\ \frac{1}{\sqrt{2}} \\ 0 \end{pmatrix} \qquad \begin{pmatrix} 0 \\ 0 \\ 1 \end{pmatrix}$$

実は、ここまでの作業は、**選んだ固有ベクトルに基づいて正規直交基底を作るため**のものです。正規直交基底ができたら、これらを並べて行列を作ります。

$$P_1 = \begin{pmatrix} \frac{1}{\sqrt{2}} & \frac{1}{\sqrt{2}} & 0 \\ \frac{-1}{\sqrt{2}} & \frac{1}{\sqrt{2}} & 0 \\ 0 & 0 & 1 \end{pmatrix}$$

ひとまず、これが $P^{-1}AP$ **における** P の**候補**となります。

Step4. 一回り小さい行列に対して繰り返す

まずは、上で求めた P_1 を使って、 $P_1^{-1}AP_1$ を計算します。途中計算を省略しましたが、結構な計算量です。

$$A_1 = P_1^{-1}AP_1 = \begin{pmatrix} 2 & -1 & -2\sqrt{2} \\ 0 & -1 & 0 \\ 0 & -\sqrt{2} & 2 \end{pmatrix}$$

運が良ければこの時点で上三角行列が完成しますが、今回は運が悪いみたいです。しかし、いかなる場合であれ**少なくとも左端の列は左上を除いて全て 0 になります**。

この時点で三角化が完了していなければ、**次は A_1 の上端行と左端列を外した一回り小さい行列に対して、先ほどと同様のことを繰り返します**。

$$A_2 = \begin{pmatrix} -1 & 0 \\ -\sqrt{2} & 2 \end{pmatrix}$$

この行列の固有値は、最初の行列の固有値から、選んだ固有ベクトルに対応する固有値を除いたものです。最初の行列の固有値は 2 と − 1 でしたが、2 は重複度 2 の重解だったので、固有値は実質 2、2、− 1 の 3 つです。そこから 2 を 1 つ除いて残った 2 と − 1 が A_2 の固有値です。これは、実際に A_2 の固有方程式を解いても導けます。

ここでは、固有値 2 に対応する固有ベクトルの 1 つである $\begin{pmatrix} 0 \\ 1 \end{pmatrix}$ を用いて、今度は行列 A_2 に対する P の候補 P_2 を作りました。

$$P_2 = \begin{pmatrix} 0 & 1 \\ 1 & 0 \end{pmatrix}$$

これを用いて、 $P_2^{-1}A_2P_2$ を計算すると、次の行列が得られます。

$$P_2^{-1}A_2P_2 = \begin{pmatrix} 2 & -\sqrt{2} \\ 0 & -1 \end{pmatrix}$$

三角行列が得られたので三角化が成功しました！次数が多いと、2回目でも三角化が完了しないことがほとんど。そんな時は、**三角行列が得られるまで、一回り小さい行列に対して同様のことを繰り返してください**。

Step5. 全ての P 候補を掛け合わせる

三角化が成功した時点で、P_1 と P_2 という2つの P 候補が登場しました。最後に、これらを掛け合わせて、P そのものを作りましょう。

しかし、$P_1, P_2, \ldots$ と次元がどんどん小さくなるので、単純に掛け合わせることはできません。掛け合わせる時は、P_i を次式のような補完方法で無理やり A の次元に合わせてください。

$$P'_i = \begin{pmatrix} 1 & 0 & \cdots & 0 \\ 0 & 1 & \cdots & 0 \\ \vdots & \vdots & \ddots & \vdots \\ 0 & 0 & \cdots & P_i \end{pmatrix}$$

簡単に言えば、**P 候補を右下に詰めて、残りは単位行列みたいな感じにして補います**。今回の P_2 は次のように補えます。

$$P'_2 = \begin{pmatrix} 1 & 0 & 0 \\ 0 & 0 & 1 \\ 0 & 1 & 0 \end{pmatrix}$$

最後にこれを右から古い順にガンガン掛け合わせていけば完成！

$$P = P_1 P'_2$$

ちなみに、今回の A に対する P は次の通りになります。

$$P = \begin{pmatrix} \frac{1}{\sqrt{2}} & 0 & \frac{1}{\sqrt{2}} \\ \frac{-1}{\sqrt{2}} & 0 & \frac{1}{\sqrt{2}} \\ 0 & 1 & 0 \end{pmatrix}$$

これを使えば、$P^{-1}AP$ は上三角行列になります。

$$P^{-1}AP = \begin{pmatrix} 2 & -2\sqrt{2} & -1 \\ 0 & 2 & -\sqrt{2} \\ 0 & 0 & -1 \end{pmatrix}$$

これで終わりです。3次の行列ですらこの計算量なので、多次元行列になると手計算をやってられないほど大変になります。

07 ケーリー・ハミルトンの定理

［ 三角化を用いて証明をすることができる定理の一つ、ケーリー・ハミルトンの定理を解説します。ケーリー・ハミルトンの定理は、行列の累乗を、次数を減らした形に変形できるメリットがあります。ちなみにケーリーさんとハミルトンさんは別人です。 ］

ケーリー・ハミルトンの定理とは

2次正方行列に対する定理

高校数学で「行列」を習うか否かは、その時の学習指導要領によって分かれますが、行列を習った理系高校生にとって、ケーリー・ハミルトンの定理は常識だと思います。高校で登場する定理は、2次の正方行列に限定した例です。

ケーリー・ハミルトン定理（2次の正方行列）

2次の正方行列 $A=[a_{ij}]$ について、次式が成立する。

$$A^2-(a_{11}+a_{22})A+(a_{11}a_{22}-a_{12}a_{21})=O$$

上の公式は、2次の正方行列以外に適用できませんが、**ケーリー・ハミルトンの定理自体はあらゆる次元の行列に適用できる公式を提供しています。**

n次正方行列に対する定理

大学生が習うのは、次に掲げる**様々な次元に適用可能な公式**です。

ケーリー・ハミルトン定理

n 次の正方行列 A について、その固有多項式を $\phi(t)=|A-tE|$ とする。この時、次式が成立する。

$$\phi(A)=O$$

ただし、$\phi(t)$ は $|A-tE|$ を展開した後の多項式であること。そして右辺は零行列であることに注意してください。

固有多項式は、スカラーを変数として持つことを前提にした多項式ですが、変数にスカラーでなく行列 A を代入したとき、面倒な行列演算を経た暁に零行列となることを表しています。

ちなみに、前述した2次の正方行列に対する公式は、この式の具体例の一つです。

2次の正方行列 $A=[a_{ij}]$ の固有多項式は次の通り。

$$
\begin{aligned}
\phi(t) &= \begin{vmatrix} a_{11}-t & a_{12} \\ a_{21} & a_{22}-t \end{vmatrix} \\
&= (a_{11}-t)(a_{22}-t)-a_{12}a_{21} \\
&= t^2-(a_{11}+a_{22})t+(a_{11}a_{22}-a_{12}a_{21})
\end{aligned}
$$

これと、$\phi(A)=O$ より

$$A^2-(a_{11}+a_{22})A+(a_{11}a_{22}-a_{12}a_{21})=O$$

成り立つ理由

n 次の正方行列 A の固有値を $\lambda_1,\lambda_2,\cdots,\lambda_n$ とすると、固有多項式 $\phi(t)$ は次式で表せます。

$$\phi(t)=(\lambda_1-t)(\lambda_2-t)\cdots(\lambda_n-t)$$

多項式のスカラーだった部分は単位行列 E で掛け合わせられます。つまり、行列版 $\phi(A)$ は次の通り。

$$\phi(A)=(\lambda_1E-A)(\lambda_2E-A)\cdots(\lambda_nE-A)$$

ここで、$P^{-1}AP$ の登場です。三角行列に変換できる P を用意して、$P^{-1}\phi(A)P$ を計算しましょう。

$$P^{-1}\phi(A)P=P^{-1}(\lambda_1E-A)(\lambda_2E-A)\cdots(\lambda_nE-A)P$$

$PP^{-1}=E$ なので、適当な箇所に PP^{-1} を掛けても結果は変わりません。

$$
\begin{aligned}
P^{-1}\phi(A)P &= P^{-1}(\lambda_1E-A)PP^{-1}(\lambda_2E-A)PP^{-1}\cdots PP^{-1}(\lambda_nE-A)P \\
&= (\lambda_1E-P^{-1}AP)(\lambda_2E-P^{-1}AP)\cdots(\lambda_nE-P^{-1}AP)
\end{aligned}
$$

ここで、$P^{-1}AP$ は対角成分として左上から順に固有値 $\lambda_1,\lambda_2,\cdots,\lambda_n$ を持

つ三角行列です。よって $(\lambda_i E - P^{-1}AP)$ **は、左上から i 番目の対角成分が 0 の三角行列となります**。

$P^{-1}\phi(A)P$ は、「左上の対角成分がゼロの三角行列」「左上から 2 番目の対角成分がゼロの三角行列」…を左から掛け合わせた積であるわけですが、**この積は零行列となります**。実際に左から計算してみると、左から右に向かって 1 列ずつ零ベクトルになっていきます。

そうして、 $P^{-1}\phi(A)P = O$ が示されたので、両辺の左から P を、右から P^{-1} を掛け合わせることで、定理の公式が得られます。

$$\phi(A) = O$$

よくある証明の間違い

長い証明を経ましたが、一部の読者は次のように思ったでしょう。

$\phi(t) = |A - tE|$ に $t = A$ を代入して

$$\begin{aligned}\phi(A) &= |A - AE| \\ &= |O| \\ &= 0\end{aligned}$$

で良くね !?

これ、手取り早い上に一見正しそうなのですが、実は間違いです。

上の式では、 $|A - tE|$ を零ベクトルの行列式に持ち込んで、これを計算して答えを 0 としていますが、そもそも**ケーリー・ハミルトンの右辺ってスカラーの 0 じゃなくて零行列でしたよね**？右辺の形式が異なる時点で的外れです。

ケーリー・ハミルトンの定理は、展開後の多項式に元の行列 A を代入してチマチマ計算すると、最終的に全ての成分が 0（零行列）になることを表しています。右辺はスカラーでないことに注意を払いましょう。

フロベニウスの定理

［ケーリー・ハミルトンの定理と同じく、三角化の概念を用いて成立の理由を追及することができるフロベニウスの定理を解説します。フロベニウスの定理は、行列と固有値の関係が、多項式を通した後にも維持されることを示します。］

フロベニウスの定理とは？

ある多項式に行列を代入してできた行列の固有値は、行列の固有値を同じ多項式に代入した時に得られる値だよって旨の定理です。

フロベニウスの定理

n 次正方行列 A は、$\lambda_1, \lambda_2, \cdots, \lambda_n$ を固有値に持つとする。行列 X の多項式を次の通り定める。

$$f(X) = a_0X^n + a_1X^{n-1} + \cdots + a_{n-1}X + a_nE$$

これに A を代入して得られる行列 $f(A)$ の固有値は、次の n 個である。

$$f(\lambda_1),\ f(\lambda_2),\ \cdots,\ f(\lambda_n)$$

定理が成り立つ理由

この定理は、三角化を利用することで成立の理由を確かめられます。

まず、185 ページの「正方行列の三角化」に書いた通り、任意の正方行列は三角化できます。つまり次式が成り立つ適当な行列 P を選ぶことができます(ただし、$\lambda_1 \sim \lambda_n$ は A の固有値です)。

$$P^{-1}AP = \begin{pmatrix} \lambda_1 & a_{12} & \dots & a_{1n} \\ 0 & \lambda_2 & \dots & a_{2n} \\ \vdots & \vdots & \ddots & \vdots \\ 0 & 0 & \dots & \lambda_n \end{pmatrix}$$

さて、次は、$P^{-1}f(A)P$ を変形します。

$$\begin{aligned}P^{-1}f(A)P &= P^{-1}(a_0A^n + a_1A^{n-1} + \cdots + a_nE)P \\ &= a_0P^{-1}A^nP + a_1P^{-1}A^{n-1}P + \cdots + a_nE \\ &= a_0(P^{-1}AP)^n + a_1(P^{-1}AP)^{n-1} + \cdots + a_nE \\ &= f(P^{-1}AP)\end{aligned}$$

2行目から3行目にかけては $P^{-1}A^nP = (P^{-1}AP)^n$ を用いて変形しています。この等式は次のようなイメージで成立を理解できると思います。

$$\begin{aligned}P^{-1}A^3P &= P^{-1}AAAP \\ &= P^{-1}A\underline{PP^{-1}}A\underline{PP^{-1}}AP \\ &= (P^{-1}AP)(P^{-1}AP)(P^{-1}AP) \\ &= (P^{-1}AP)^3\end{aligned}$$

ところで、**三角行列を n 乗したとき、その対角成分は元の成分の n 乗です**(もちろん右上の成分は原則全く違う値です)。このことは掛け算の定義から確かめられます。

$$\begin{pmatrix}\underline{\lambda_1} & a_{12} & \dots & a_{1n} \\ 0 & \underline{\lambda_2} & \dots & a_{2n} \\ \vdots & \vdots & \ddots & \vdots \\ 0 & 0 & \dots & \underline{\lambda_n}\end{pmatrix}^n = \begin{pmatrix}\underline{\lambda_1^n} & b_{12} & \dots & b_{1n} \\ 0 & \underline{\lambda_2^n} & \dots & b_{2n} \\ \vdots & \vdots & \ddots & \vdots \\ 0 & 0 & \dots & \underline{\lambda_n^n}\end{pmatrix}$$

多項式は、行列の累乗にスカラー倍したものを色々足し合わせたものにすぎません。ですので、**ある三角行列 W の対角成分の 1 つを w_i とした時、W を多項式に代入してできた行列 $f(W)$ における同位置の対角成分は $f(w_i)$ となります。**

$P^{-1}AP$ は、対角成分として各固有値 $\lambda_1 \sim \lambda_n$ をもつ三角行列です。ですので、$f(P^{-1}AP)$ の対角成分は、多項式 $f(X)$ に各固有値を代入した $f(\lambda_1) \sim f(\lambda_n)$ で構成されることがいえます。

$$f(P^{-1}AP) = \begin{pmatrix}f(\lambda_1) & c_{12} & \dots & c_{1n} \\ 0 & f(\lambda_2) & \dots & c_{2n} \\ \vdots & \vdots & \ddots & \vdots \\ 0 & 0 & \dots & f(\lambda_n)\end{pmatrix}$$

ところで、上で導いた等式 $P^{-1}f(A)P = f(P^{-1}AP)$ から、$P^{-1}f(A)P$ **が**

三角行列であることがいえます。つまり、 P を用いて行列 $f(A)$ を三角化したことに他なりません。185 ページの「正方行列の三角化」で扱いましたが、三角化により生み出した三角行列の対角成分は元の行列の固有値です。

ゆえに、 $f(A)$ の固有値は、 $f(\lambda_1) \sim f(\lambda_n)$ であることが言えました。

一緒に例題を計算しよう！

簡単な行列を計算してフロベニウスの定理が実際に成立することを確かめてみましょう。

例として、2 次正方行列 A と、多項式 $f(X)$ を次のように定めました。

$$A = \begin{pmatrix} 1 & 2 \\ -1 & 4 \end{pmatrix} \qquad f(X) = X^2 + 3X - E$$

ちなみに、 A の固有値は、2 と 3 です（計算して確かめてみよう！）。

1. 多項式に行列を入れてみる

多項式に行列 A を入れてできた行列 $f(A)$ を計算しましょう。

下準備として A^2 を計算しておきました。

$$A^2 = \begin{pmatrix} -1 & 10 \\ -5 & 14 \end{pmatrix}$$

それでは $f(A)$ を計算しましょう。

$$\begin{aligned} f(A) &= A^2 + 3A - E \\ &= \begin{pmatrix} -1 & 10 \\ -5 & 14 \end{pmatrix} + 3\begin{pmatrix} 1 & 2 \\ -1 & 4 \end{pmatrix} - \begin{pmatrix} 1 & 0 \\ 0 & 1 \end{pmatrix} \\ &= \begin{pmatrix} -1 + 3 \times 1 - 1 & 10 + 3 \times 2 - 0 \\ -5 + 3 \times (-1) + 0 & 14 + 3 \times 4 - 1 \end{pmatrix} \\ &= \begin{pmatrix} 1 & 16 \\ -8 & 25 \end{pmatrix} \end{aligned}$$

2. 固有値を比較する

行列 $f(A)$ の固有値を求めましょう。

$$\begin{aligned}|f(A) - tE| &= (1-t)(25-t) - 16 \times (-8) \\ &= t^2 - 26t + 153 \\ &= (t-9)(t-17)\end{aligned}$$

よって、**行列 $f(A)$ の固有値は 9 と 17 です**！

ところで、A の固有値をそれぞれ多項式 $f(X)$ に入れたらどうなるのでしょうか。スカラーは 1 次の正方行列とみることができます。よって、$f(2)$ と $f(3)$ はそれぞれ次のようになります。

$$\begin{aligned}f(2) &= 2^2 + 3 \times 2 - 1 = 9 \\ f(3) &= 3^2 + 3 \times 3 - 1 = 17\end{aligned}$$

この組み合わせは行列 $f(A)$ の固有値と一致するではありませんか。

以上から、$f(A)$ の固有値が、行列 A の固有値を多項式 $f(X)$ に通した時の値であることが分かりました。

QUESTION

［章末問題］

Q1 次の行列の固有値と固有ベクトルを求めよ。

① $A = \begin{pmatrix} 3 & 3 \\ 2 & -2 \end{pmatrix}$

② $B = \begin{pmatrix} 2 & -1 \\ 1 & 4 \end{pmatrix}$

Q2 次の行列が対角化可能か調べて、可能ならば対角化せよ。

① $A = \begin{pmatrix} 2 & -1 \\ 1 & 4 \end{pmatrix}$

② $B = \begin{pmatrix} 4 & -1 & 1 \\ 2 & 1 & 1 \\ -4 & 2 & 0 \end{pmatrix}$

Q3 前問の②に対して、B^n を求めよ。

Q4 $A = \begin{pmatrix} 2 & 3 \\ 3 & 1 \end{pmatrix}$ とするとき、次式の行列を求めよ。

$$A^5 - 5A^4 + 2A^3 - 2A^2 + 10A + 9E$$

Q5 $f(A) = A^4 - 2A^3 + 3A^2 + A + 2E$ とする。

$A = \begin{pmatrix} -1 & -2 \\ 3 & 4 \end{pmatrix}$ のとき、行列 $f(A)$ の固有値を求めよ。

ANSWER

[解答解説]

Q1 次の行列の固有値と固有ベクトルを求めよ。

① 固有多項式について、次のように変形できます。

$|A-tE|=(3-t)(-2-t)-3\times 2=t^2-t-12=(t+3)(t-4)$

したがって、固有値は-3と4です。

固有値 −3 に対する固有ベクトル

$$\begin{pmatrix}6 & 3\\ 2 & 1\end{pmatrix}\begin{pmatrix}x\\ y\end{pmatrix}=\begin{pmatrix}0\\ 0\end{pmatrix}$$

$A+3E$

上式を解いて、$\lambda\begin{pmatrix}1\\ -2\end{pmatrix}$

固有値 4 に対する固有ベクトル

$$\begin{pmatrix}-1 & 3\\ 2 & -6\end{pmatrix}\begin{pmatrix}x\\ y\end{pmatrix}=\begin{pmatrix}0\\ 0\end{pmatrix}$$

$A-4E$

上式を解いて、$\lambda\begin{pmatrix}3\\ 1\end{pmatrix}$

λはいずれも0以外の任意の数

② 固有多項式について、次のように変形できます。

$|B-tE|=(2-t)(4-t)-(-1)\times 1=t^2-6t+9=(t-3)^2$

したがって、固有値は3です。

固有値 3 に対する固有ベクトル

$$\begin{pmatrix}-1 & -1\\ 1 & 1\end{pmatrix}\begin{pmatrix}x\\ y\end{pmatrix}=\begin{pmatrix}0\\ 0\end{pmatrix}$$ を解いて、$\lambda\begin{pmatrix}1\\ -1\end{pmatrix}$ （λは0以外の任意の数）

Q2 次の行列が対角化可能か調べて、可能ならば対角化せよ。

① 前問の②と同じ行列です。

先ほど求めた固有ベクトルをみると、固有ベクトルは全て$\begin{pmatrix}1\\ -1\end{pmatrix}$の

スカラー倍なので、1次独立な2つの固有ベクトルを選べません。

よって対角化可能でありません。 2＝行列の次数

② 固有値と固有ベクトルは次の通り。(頑張って計算してみよう)

$$\text{固有値 }1 \text{ — } \lambda\begin{pmatrix}1\\1\\-2\end{pmatrix} \qquad \text{固有値 }2 \text{ — } \lambda\begin{pmatrix}1\\0\\-2\end{pmatrix}+\mu\begin{pmatrix}0\\1\\1\end{pmatrix}$$

ここで、1次独立な3つの固有ベクトルを選べるか確かめます。

例えば、$\begin{pmatrix}1\\1\\-2\end{pmatrix}$と$\begin{pmatrix}1\\0\\-2\end{pmatrix}$と$\begin{pmatrix}0\\1\\1\end{pmatrix}$は1次独立です。

この行列は3次正方行列なので、ゆえに対角化可能です。

$$P=\begin{pmatrix}1&1&0\\1&0&1\\-2&-2&1\end{pmatrix} \text{とすると、} P^{-1}\begin{pmatrix}4&-1&1\\2&1&1\\-4&2&0\end{pmatrix}P=\begin{pmatrix}1&0&0\\0&2&0\\0&0&2\end{pmatrix}$$

Q3 前問の②に対して、B^nを求めよ。

前問より$P^{-1}BP=\begin{pmatrix}1&0&0\\0&2&0\\0&0&2\end{pmatrix}$なので、

$$\begin{aligned}P^{-1}B^nP&=P^{-1}B(PP^{-1})B(PP^{-1})BP...P^{-1}BP\\&=(P^{-1}BP)(P^{-1}BP)(P^{-1}BP)...(P^{-1}BP)\\&=(P^{-1}BP)^n\\&=\begin{pmatrix}1&0&0\\0&2&0\\0&0&2\end{pmatrix}^n\\&=\begin{pmatrix}1^n&0&0\\0&2^n&0\\0&0&2^n\end{pmatrix}\end{aligned}$$

よって、$B^n=P\begin{pmatrix}1^n&0&0\\0&2^n&0\\0&0&2^n\end{pmatrix}P^{-1}=\begin{pmatrix}3\times2^n-2&-(2^n-1)&2^n-1\\2(2^n-1)&1&2^n-1\\-4(2^n-1)&2(2^n-1)&-2^n+2\end{pmatrix}$

Q4 $A = \begin{pmatrix} 2 & 3 \\ 3 & 1 \end{pmatrix}$ **とするとき、次式の行列を求めよ。**

固有多項式は $|A - tE| = (t-2)(t-1) - 9 = t^2 - 3t - 7$ なので、
ケーリー・ハミルトンの定理より、$A^2 - 3A - 7E = O$ よって $A^2 = 3A + 7E$
これを用いて、A^3, A^4, A^5 も求めます。

$$\begin{aligned} A^3 &= A(3A+7) &&= 3(3A+7) + 7A &&= 16A + 21E \\ A^4 &= A(16A+21) &&= 16(3A+7) + 21A &&= 69A + 112E \\ A^5 &= A(69A+112) &&= 69(3A+7) + 112A &&= 319A + 483E \end{aligned}$$

求めた結果を与式に代入して、

$$\begin{aligned} &A^5 - 5A^4 + 2A^3 - 2A^2 + 10A + 9E \\ &= (319A + 483E) - 5(69A + 112E) + 2(16A + 21E) - 2(3A + 7E) + 10A + 9E \\ &= 10A - 40E \\ &= \underline{\begin{pmatrix} -20 & 30 \\ 30 & -30 \end{pmatrix}} \end{aligned}$$

Q5 $f(A) = A^4 - 2A^3 + 3A^2 + A + 2E$ **とする。**

$A = \begin{pmatrix} -1 & -2 \\ 3 & 4 \end{pmatrix}$ **のとき、行列** $f(A)$ **の固有値を求めよ。**

固有多項式について、次のように変形できます。

$|A - tE| = (-1-t)(4-t) - (-2) \times 3 = t^2 - 3t + 2 = (t-1)(t-2)$

したがって、Aの固有値は 1 と 2 です。
フロベニウスの定理より、行列$f(A)$の固有値は$f(1)$と$f(2)$です。
それぞれの値を実際に代入して計算します。

$$f(1) = 1^4 - 2 \times 1^3 + 3 \times 1^2 + 1 + 2 = \underline{5}$$

$$f(2) = 2^4 - 2 \times 2^3 + 3 \times 2^2 + 2 + 2 = \underline{16}$$

07

線形写像編

線形代数の進める中で、ベクトルの概念をどんどん抽象化して適用範囲を広げてきました。ここでは同じようにして、関数の概念を写像として抽象化します。この関数の性質を線形性があるものに限定すると、ルールや性質がとてもシンプルなものになるとともに、今までに習った行列式や固有値の概念を活かすことができるようになります。

01

線形写像編

写像の基礎

［ 写像とは、ある集合の要素とある集合の要素を結ぶ対応のことです。ここでは、写像の基本的な概念を説明し、単射、全射、全単射といった特別な条件を満たす写像を取り上げます。最後は、合成関数の概念にそっくりな、写像の合成について学びます。 ］

写像と像

2集合の要素の対応を**写像**といい、ある写像によって対応づけられた「先」の要素もしくは集合を**像**といいます。

写像と像

2つの集合 S と T がある。S のどの要素も T の何らかの1要素に対応しているとき、この対応付けを、集合 S から集合 T への**写像**といい、f や g などの文字を使って次のように記す。

$$f : S \to T$$

写像 f によって、集合 S のある要素 s に対応づけられた集合 T の要素を、$\underline{s}$ の f による**像**といい、$f(s)$ と書く。次のように記すこともある。

$$f : s \mapsto f(s)$$

集合 S の全て要素 s にそれぞれ対応する像 $f(s)$ をまとめてできる集合を、$\underline{S}$ の f による**像**といい、$\mathrm{Im}f$ と記す。$\mathrm{Im}f$ は T の部分集合である。

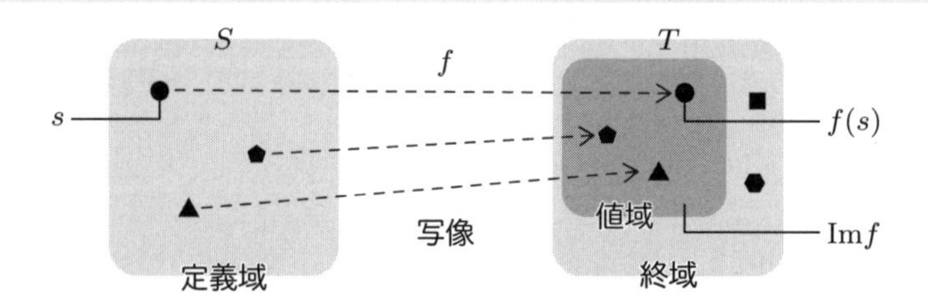

写像は、ある要素 s に対して、像 $f(s)$ がただ1つに決まることが前提です。$f(s)$ となる T の要素が複数ある場合、f は写像ではありません。

単射と全射

単射（1 対 1 の写像）

集合 S の要素が異なれば、対応する T の要素も異なる写像 f のことです。

単射（1 対 1 の写像）

次式を満たす写像 f を**単射**または**1 対 1 の写像**という。

$$s_1 \neq s_2 \text{ ならば } f(s_1) \neq f(s_2)$$

上式は、対偶から「$f(s_1) = f(s_2)$ ならば $s_1 = s_2$」ともいえます。

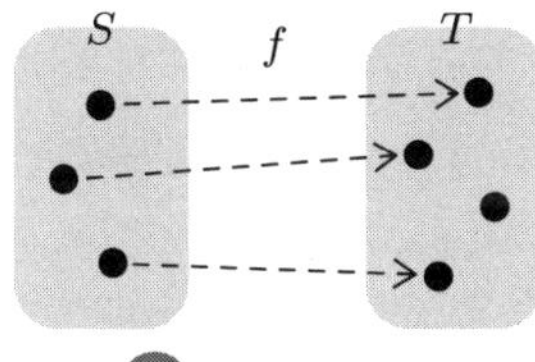

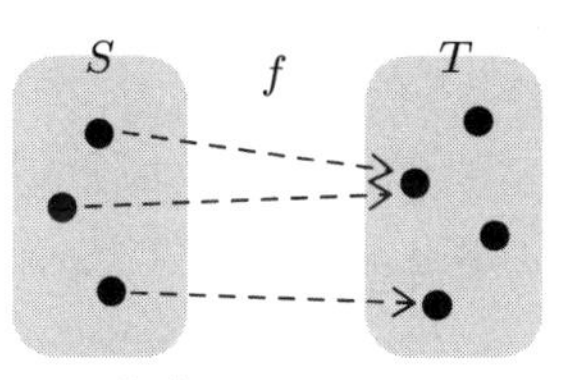

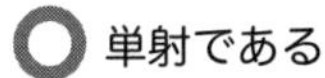

✕ 単射でない

全射（上の写像）

集合 T の**全ての要素**が集合 S の何らかの要素と対応する写像 f のことです。

全射（上の写像）

集合 T の任意の要素 t に対して、$f(s) = t$ となる集合 S の要素 s が存在するとき、写像 f を**全射**または**上の写像**という。

全射では、$\mathrm{Im} f = T$ が成り立ちます。

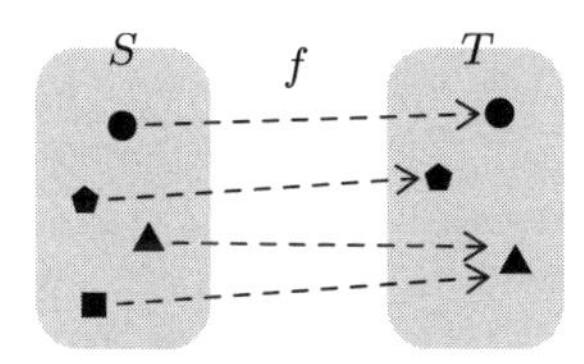

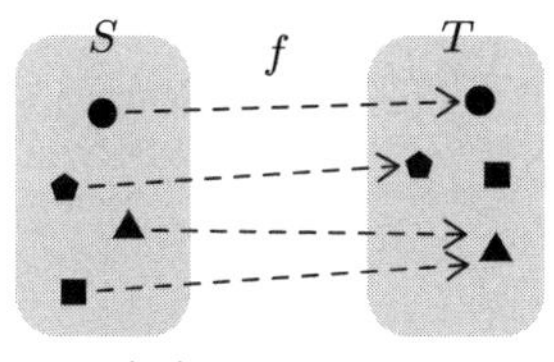

○ 全射である

✕ 全射でない

全単射

写像 f が単射かつ全射のとき、これを**全単射**と言います。簡単にいうと、両者の集合の要素が漏れなく 1 対 1 に対応する写像です。

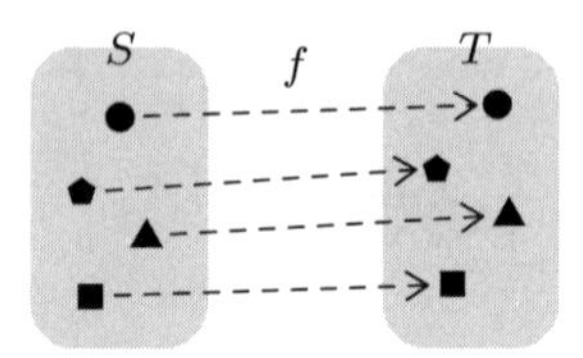

写像の合成

関数に合成関数があったように、写像でも合成を考えることができます。

写像の合成

3 つの集合 S, T, U に対して、写像 $f : S \to T$ と写像 $g : T \to U$ が定義されているとき、S の要素 s と U の要素 $g\{f(s)\}$ を対応づける写像を、f と g の**合成写像**といい、$g \circ f$ や gf と記す。

$$g \circ f : s \mapsto g\{f(s)\}$$

f と g の合成なので $f \circ g$ にしがちですが、正しくは $g \circ f$ なので順序を間違えないようにしましょう。

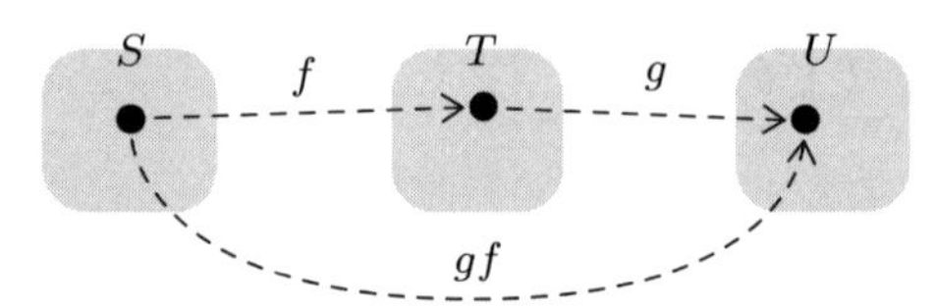

線形写像編
線形写像

線形代数は、連立方程式を効率的に記述できる手法として行列が発明されたのが始まりです。線形代数に欠かせない行列の概念や、行列と連立方程式の関係性、線形代数の応用例などを簡単に紹介します。

線形写像

ここでは、線形空間から線形空間への写像を考えます。このような写像の中で、一定の条件を満たすものを**線形写像**といいます。

線形写像

F 上の線形空間 V, W に対して、写像 $f : V \to W$ が定義されている。f が次の2条件をともに満たすとき、f は V から W への**線形写像**という。

条件1　任意の2要素 $\boldsymbol{a}, \boldsymbol{b} \in V$ に対して、次式が成立。

$$f(\boldsymbol{a}+\boldsymbol{b}) = f(\boldsymbol{a}) + f(\boldsymbol{b})$$

条件2　任意の要素 $\boldsymbol{a} \in V$ とスカラー $\lambda \in F$ に対して、次式が成立。

$$f(\lambda \boldsymbol{a}) = \lambda f(\boldsymbol{a})$$

そして、この2つを併せ持つ性質を、**線形性**といいます。線形代数という科目は、線型性がテーマであり、それを持つものの性質を探るのが議論の対象でした（2ページの「線形代数って何？」参照）。200ページを経て、ようやく線形代数の本質にたどり着きました！

ちなみに、線形写像の中でも、V から V 自身へのもの（$f : V \to V$）は**線形変換**または**一次変換**といいます。

核

線形空間には、零ベクトルという要素が存在しました。ある線形写像について、零ベクトルに対応する元の要素の集合を**核**といいます。

核

線形写像 $f: V \to W$ について、$f(\boldsymbol{a}) = \boldsymbol{o}$ を満たす $\boldsymbol{a}$ の集合を V の f による**核**といい、$\mathrm{Ker} f$ と記す。

核 $\mathrm{Ker} f$ が集合 V の部分集合であることは定義から明らかですが、実は V の部分空間でもあります。

同型写像

線形写像の中でも全単射のものを**同型写像**といいます。

同型写像

線形空間 V, W に対して、写像 $f: V \to W$ が線形写像でかつ全単射のとき、f を V から W の上の**同型写像**という。

同型写像をもつ 2 つの線形空間の関係性を表す**同型**という言葉があります。

同型

線形空間 V, W に対して、同型な写像 $f: V \to W$ が存在するとき、V は W に**同型**であるといい、$V \cong W$ と記す。

ざっくり言うなら、同型な 2 つの線形空間は、**線形空間としてほぼ同じ**ものです。同型写像を用いることで、

- 両者の要素は 1 対 1 に完全対応している
- 和とスカラー倍の演算結果が両者で完全に対応している

状態を実現できるからです。線形空間の理論は結局のところ集合内の何らかの要素に対して和とスカラー倍をこねくりまわすことが原点にあります。上の 2 つを実現できる 2 集合は、線形空間として本質的に同じと言っても過言でないペアなのです。

03

線形写像編

線形写像と表現行列

［ ある写像における要素の対応規則の表現方法を学びます。対応のパターン数は膨大なので、その規則を表現するには複雑な記述が必要なはず。しかし、線形写像ならば１つの行列で全てを表現できます。ここで扱うのは、有限次元の線形空間とします。］

線形写像は行列で表せる！

表現行列

どんな線形写像 $f: \boldsymbol{a} \mapsto f(\boldsymbol{a})$ も、ある行列を用いて表現できます。この行列を、線形写像 f に対応する**表現行列**といい、 A_f などと記します。

表現行列

V と W はそれぞれ n 次元と m 次元の線形空間であり、V と W の一組の基底をそれぞれ次の通り定める。

V の基底 $\Longrightarrow \boldsymbol{a}_1, \boldsymbol{a}_2, ..., \boldsymbol{a}_n$ 　　　W の基底 $\Longrightarrow \boldsymbol{b}_1, \boldsymbol{b}_2, ..., \boldsymbol{b}_m$

このとき、線形写像 $f: V \mapsto W$ について、

$$[f(\boldsymbol{a}_1) \quad f(\boldsymbol{a}_2) \quad ... \quad f(\boldsymbol{a}_n)] = [\boldsymbol{b}_1 \quad \boldsymbol{b}_2 \quad ... \quad \boldsymbol{b}_m]A_f$$

を満たす $m \times n$ 行列 A_f を**表現行列**という。

V のそれぞれの基底の f による像 $f(\boldsymbol{a}_1) \sim f(\boldsymbol{a}_n)$ は、全て W の要素なので、 W の基底の一次結合で表現できます。

$$\begin{aligned} f(\boldsymbol{a}_1) &= a_{11}\boldsymbol{b}_1 + a_{21}\boldsymbol{b}_2 + ... + a_{m1}\boldsymbol{b}_m \\ f(\boldsymbol{a}_2) &= a_{12}\boldsymbol{b}_1 + a_{22}\boldsymbol{b}_2 + ... + a_{m2}\boldsymbol{b}_m \\ ... &= ... \\ f(\boldsymbol{a}_n) &= a_{1n}\boldsymbol{b}_1 + a_{2n}\boldsymbol{b}_2 + ... + a_{mn}\boldsymbol{b}_m \end{aligned}$$

mn 個の係数 $a_{11} \sim a_{mn}$ を行列の形にまとめたものが A_f であり、 n 個の式を行列の積の形に書き換えたものが、上に掲げた表現行列の定義式です。

行列 A_f の各成分は、 V, W の基底、写像 f の組に応じて設定されます。そのため、写像が異なるときはもちろん、基底が変わっても行列 A_f は変化します。

表現行列と任意要素の像

V の要素 $\boldsymbol{a}$ の f による像 $f(\boldsymbol{a})$ は、**どんな要素であれ $f(\boldsymbol{a}_1) \sim f(\boldsymbol{a}_n)$ を用いて表現できます。**

これは、 V のどの要素も V の基底の一次結合を用いて表現できることと、線形写像の性質を用いて確かめることができます。

$\boldsymbol{a} = \lambda_1 \boldsymbol{a}_1 + \lambda_2 \boldsymbol{a}_2 + ... + \lambda_n \boldsymbol{a}_n$ （ $\lambda_1 \sim \lambda_n$ はスカラー）とすると、

$$\begin{aligned} f(\boldsymbol{a}) &= f(\lambda_1 \boldsymbol{a}_1 + \lambda_2 \boldsymbol{a}_2 + ... + \lambda_n \boldsymbol{a}_n) \\ &= \lambda_1 f(\boldsymbol{a}_1) + \lambda_2 f(\boldsymbol{a}_2) + ... + \lambda_n f(\boldsymbol{a}_n) \end{aligned}$$

これより、 $f(\boldsymbol{a}_1) \sim f(\boldsymbol{a}_n)$ さえ定めれば線形写像 f の像を網羅できます。したがって、線形写像は全て mn 個の数 $a_{11} \sim a_{mn}$ で表現できるのです。

表現行列と成分

線形空間の要素を書くとき、基底を全て書くのではなく、一次結合の各係数のみを抜き出した成分表記で書くと楽です。成分表記で変換後の成分を表すとき、表現行列が活きてきます。

V の任意の要素を $\boldsymbol{x} = x_1 \boldsymbol{a}_1 + ... + x_n \boldsymbol{a}_n$ 、そのある写像を $f(\boldsymbol{x}) = y_1 \boldsymbol{b}_1 + ... + y_m \boldsymbol{b}_m$ とする。

A_f が f に対応する表現行列の場合、 $\boldsymbol{x}$ と $f(\boldsymbol{x})$ の**成分間**に次の関係がある。

$$\begin{pmatrix} y_1 \\ \vdots \\ y_m \end{pmatrix} = A_f \begin{pmatrix} x_1 \\ \vdots \\ x_n \end{pmatrix}$$

つまり、成分を縦に並べた列ベクトルを用いて写像を考える場合、対応元の要素の成分に対して表現行列を左から掛けるだけで、対応する要素の成分を導けます。

この性質は、簡単な計算で導けます。

$$\begin{aligned} f(\boldsymbol{x}) &= f(x_1\boldsymbol{a}_1 + \ldots + x_n\boldsymbol{a}_n) \\ &= x_1 f(\boldsymbol{a}_1) + \ldots + x_n f(\boldsymbol{a}_n) \\ &= x_1 \sum_{i=1}^{m} a_{i1}\boldsymbol{b}_i + \ldots + x_n \sum_{i=1}^{m} a_{in}\boldsymbol{b}_i \\ &= (\sum_{j=1}^{n} x_j a_{1j})\boldsymbol{b}_1 + \ldots + (\sum_{j=1}^{n} x_j a_{mj})\boldsymbol{b}_m \end{aligned}$$

$\boldsymbol{b}_1 \sim \boldsymbol{b}_m$ は基底であるゆえに一次独立なので、 $f(\boldsymbol{x}) = y_1\boldsymbol{b}_1 + \ldots + y_m\boldsymbol{b}_m$ と係数比較をして次式が成り立ちます。

$$\begin{aligned} y_1 &= \sum_{j=1}^{n} x_j a_{1j} = x_1 a_{11} + x_2 a_{12} + \ldots + x_n a_{1n} \\ y_2 &= \sum_{j=1}^{n} x_j a_{2j} = x_1 a_{21} + x_2 a_{22} + \ldots + x_n a_{2n} \\ \ldots &= \ldots \\ y_m &= \sum_{j=1}^{n} x_j a_{mj} = x_1 a_{m1} + x_2 a_{m2} + \ldots + x_n a_{mn} \end{aligned}$$

よって、 $A_f = [a_{ij}]$ として次式が成立します。

$$\begin{pmatrix} y_1 \\ \vdots \\ y_m \end{pmatrix} = A_f \begin{pmatrix} x_1 \\ \vdots \\ x_n \end{pmatrix}$$

表現行列と線形写像の演算

線形写像の演算は、そのまま表現行列の演算と対応します。

線形写像の和とスカラー倍

2つの写像 f と g はともに $V \to W$ の線形写像とし、 λ と μ はスカラーとします。このとき、集合 V の要素 $\boldsymbol{x}$ に、 $\lambda f(\boldsymbol{x}) + \mu g(\boldsymbol{x})$ という要素を対応させる写像もまた $V \to W$ の線形写像です。この写像を $\lambda f + \mu g$ と書きます。

f と g と $\lambda f + \mu g$ は、表現行列について次の関係があります。

f 、 g 、 $\lambda f + \mu g$ の表現行列をそれぞれ A_f 、 A_g 、 $A_{\lambda f + \mu g}$ とするとき、次式が成立する。

$$A_{\lambda f + \mu g} = \lambda A_f + \mu A_g$$

上記の表現により、和について $A_{f+g} = A_f + A_g$ が成立することと、スカラー倍について $A_{\lambda f} = \lambda A_f$ が成立することを同時に表せます。(前者は $\lambda = \mu = 1$ のとき、後者は $\mu = 0$ のとき)

線形写像の合成

線形写像 $f: S \to T$ と $g: T \to U$ に対して、合成写像 $g \circ f: S \to U$ もまた線形写像です。

このとき、 f と g と $g \circ f$ は、表現行列について次の関係があります。

f 、 g 、 $g \circ f$ の表現行列をそれぞれ A_f 、 A_g 、 $A_{g \circ f}$ とするとき、次式が成立する。

$$A_{g \circ f} = A_g A_f$$

基底を変換したときの表現行列の変化

基底をある行列で別の組み合わせに変換したとき、対応する表現行列はある規則にしたがって変換します。

線形空間 V と W のそれぞれの基底 $\boldsymbol{a}_1, ..., \boldsymbol{a}_n$ と $\boldsymbol{b}_1, ..., \boldsymbol{b}_m$ は、それぞれ正則行列 P と Q を用いて、別の基底 $\boldsymbol{a}'_1, ..., \boldsymbol{a}'_n$ と $\boldsymbol{b}'_1, ..., \boldsymbol{b}'_m$ に変換されるものとする。

このとき、線形写像 $f: V \to W$ の表現行列 A_f は次式を満たす行列 A' に置き換わる。

$$A' = Q^{-1} A P$$

特に、$V=W$ のとき（つまり**線形変換**のとき）は次式のようになります。

$$A' = P^{-1}AP$$

この右辺、固有値編で度々出てきた形ですよね。後ほど、線形変換と固有値を絡めた議論でこの公式が登場します。

$A' = Q^{-1}AP$ の成立は、次の方法で導けます。まずは前提の整理です。

変換後の基底　$\boldsymbol{a}'_i \ = p_{1i}\boldsymbol{a}_1 + \dots + \ p_{ni}\boldsymbol{a}_n = \sum_{k=1}^{n} p_{ki}\boldsymbol{a}_k$

変換後の基底　$\boldsymbol{b}'_i \ = q_{1i}\boldsymbol{b}_1 + \dots + q_{mi}\boldsymbol{b}_m = \sum_{k=1}^{m} q_{ki}\boldsymbol{b}_k$

元の線形写像　$f(\boldsymbol{a}_i) = a_{1i}\boldsymbol{b}_1 + \dots + a_{mi}\boldsymbol{b}_m = \sum_{k=1}^{m} a_{ki}\boldsymbol{b}_k$

変換後の線形写像　$f(\boldsymbol{a}'_i) = a'_{1i}\boldsymbol{b}'_1 + \dots + a'_{mi}\boldsymbol{b}'_m = \sum_{k=1}^{m} a'_{ki}\boldsymbol{b}'_k$

次に、上の式を用いて、$f(\boldsymbol{a}'_i)$ を 2 通りで変形します。

①
$$f(\boldsymbol{a}'_i) = \sum_{k=1}^{m} a'_{ki}\boldsymbol{b}'_k = \sum_{k=1}^{m} a'_{ki} \sum_{l=1}^{m} q_{lk}\boldsymbol{b}_l = \sum_{l=1}^{m}\left(\sum_{k=1}^{m} q_{lk}a'_{ki}\right)\boldsymbol{b}_l$$

②
$$f(\boldsymbol{a}'_i) = f\left(\sum_{k=1}^{n} p_{ki}\boldsymbol{a}_k\right) = \sum_{k=1}^{n} p_{ki} f(\boldsymbol{a}_k) = \sum_{k=1}^{n} p_{ki} \sum_{l=1}^{m} a_{lk}\boldsymbol{b}_l = \sum_{l=1}^{m}\left(\sum_{k=1}^{n} a_{lk}p_{ki}\right)\boldsymbol{b}_l$$

線形写像だからできた変形

$\boldsymbol{b}_1, \dots, \boldsymbol{b}_n$ は基底なので一次独立です。よって、両者の係数を比較して、

$$\sum_{k=1}^{m} q_{lk}a'_{ki} = \sum_{k=1}^{n} a_{lk}p_{ki}$$

左辺は積 QA' の (l,i) 成分で、右辺は積 AP の (l,i) 成分です。これが各成分に対応することから $QA' = AP$ が成立するので、両辺に Q^{-1} を左から掛けて $A' = Q^{-1}AP$ です。

線形写像と次元

次元とは、線形空間の基底をなす要素の個数のことでした。ここでは、線形写像と絡む次元の性質を紹介し、次元に基づいて定義される「写像の」階数を解説します。

値域と核の次元の関係

線形写像 $f:V \to W$ について、V が有限次元ならば、その値域 $\mathrm{Im}f$ と、核 $\mathrm{Ker}f$ も有限次元です。そして、その次元について次の関係があります。

$$\dim(V) = \dim(\mathrm{Im}f) + \dim(\mathrm{Ker}f)$$

この理由はシンプルです。$\mathrm{Im}f$ **の各基底に対応する** $\dim(\mathrm{Im}f)$ **個の要素と、**$\mathrm{Ker}f$ **の基底を合わせると、**V **の基底となるから**です。そのことを証明します。

下準備

まず、V **の次元が有限ならば、その値域** $\mathrm{Im}f$ **と、核** $\mathrm{Ker}f$ **も有限次元であること**を示しましょう。

V の基底の一組を $\boldsymbol{a}_1, \cdots, \boldsymbol{a}_n$ とします。すると、V の任意の要素 $\boldsymbol{a}$ は、$\boldsymbol{a} = \lambda_1\boldsymbol{a}_1 + \cdots + \lambda_n\boldsymbol{a}_n$ と表せるので、次式が成立します。

$$\begin{aligned} f(\boldsymbol{a}) &= f(\lambda_1\boldsymbol{a}_1 + \cdots + \lambda_n\boldsymbol{a}_n) \\ &= \lambda_1 f(\boldsymbol{a}_1) + \cdots + \lambda_n f(\boldsymbol{a}_n) \end{aligned}$$

これより、$\mathrm{Im}f$ 内の任意の要素を $f(\boldsymbol{a}_1), \cdots, f(\boldsymbol{a}_n)$ で生成することができます。よって、$\mathrm{Im}f$ の次元は n 以下であり、有限です。

そして、$\mathrm{Ker}f$ の次元ですが、$\mathrm{Ker}f$ は V の部分空間なので、その次元は V の次元以下であり、有限です。

メインの証明

前提が示せたところで、$\mathrm{Im}f$ **の各基底に対応する** $\dim(\mathrm{Im}f)$ **個の要素と、**$\mathrm{Ker}f$ **の基底を合わせると、**V **の基底となること**を示しましょう。

まずは定義です。 $\mathrm{Im}f$ の基底を $\boldsymbol{c}_1, \cdots, \boldsymbol{c}_m$ とします。そして、各 $\boldsymbol{c}_i$ に対して $f(\boldsymbol{b}_i) = \boldsymbol{c}_i$ を満たす V の要素を $\boldsymbol{b}_1, \cdots, \boldsymbol{b}_m$ とします。いわば、 $\mathrm{Im}f$ の各基底の対応元となる要素です。

そして、 $\mathrm{Ker}f$ の基底を、 $\boldsymbol{d}_1, \cdots, \boldsymbol{d}_r$ とします。

$\boldsymbol{b}_1, \cdots, \boldsymbol{b}_m$ と $\boldsymbol{d}_1, \cdots, \boldsymbol{d}_r$ を合わせた $m+r$ 個の要素が V の基底になることを示すためには、基底の定義を満たすための次の条件がともに成立することを示します。

$m+r$ 個の要素 $\boldsymbol{b}_1, \cdots, \boldsymbol{b}_m, \boldsymbol{d}_1, \cdots, \boldsymbol{d}_r$ について、

1 一次独立であること。

2 V を生成すること。(つまり、これらの一次結合で V の任意要素を表せる)

条件 1　一次独立であること

$\lambda_1 \boldsymbol{b}_1 + \cdots + \lambda_m \boldsymbol{b}_m + \mu_1 \boldsymbol{d}_1 + \cdots + \mu_r \boldsymbol{d}_r = \boldsymbol{o}$ を満たすとき、スカラー λ_i と μ_j が全て 0 になることを示します。まずは両辺の f に関する像を取ると次式が成立します。

$$\lambda_1 f(\boldsymbol{b}_1) + \cdots + \lambda_m f(\boldsymbol{b}_m) + \mu_1 f(\boldsymbol{d}_1) + \cdots + \mu_r f(\boldsymbol{d}_r) = \boldsymbol{o}$$

ここで、 $\boldsymbol{d}_1, \cdots, \boldsymbol{d}_r$ は $\mathrm{Ker}f$ の要素なので、核の定義から次式が成立します。

$$f(\boldsymbol{d}_1) = \cdots = f(\boldsymbol{d}_r) = \boldsymbol{o}$$

そして、ここでは $f(\boldsymbol{b}_i) = \boldsymbol{c}_i \ (i = 0, \cdots, m)$ と定めたので、上式の左辺にこれらを代入して、次式に変形できます。

$$\lambda_1 \boldsymbol{c}_1 + \cdots + \lambda_m \boldsymbol{c}_m = \boldsymbol{o}$$

$\boldsymbol{c}_1, \cdots, \boldsymbol{c}_m$ は $\mathrm{Im}f$ の基底なので一次独立です。よって、一次独立の定義より $\lambda_1 = \cdots = \lambda_m = 0$ になります。

これを最初の式に代入しましょう。すると次式になります。

$$\mu_1 \boldsymbol{d}_1 + \cdots + \mu_r \boldsymbol{d}_r = \boldsymbol{o}$$

ここで、 $\boldsymbol{d}_1, \cdots, \boldsymbol{d}_m$ は $\mathrm{Ker}f$ の基底なので一次独立です。よって、 $\mu_1 = \cdots = \mu_r = 0$ になります。

これより、スカラー λ_i と μ_j が全て 0 になることが示せました！

条件 2：V を生成すること

$\boldsymbol{c}_1, \cdots, \boldsymbol{c}_m$ は Imf の基底なので、その一次結合で Imf の任意の要素を表せます。そして、V の任意要素 $\boldsymbol{a}$ の像 $f(\boldsymbol{a})$ は、Imf の要素です（これは Imf の定義より明らかです）。したがって、適当なスカラー $\nu_1, \cdots, \nu_m$ を用いて、次式のように書けます。

$$f(\boldsymbol{a}) = \nu_1 \boldsymbol{c}_1 + \cdots + \nu_m \boldsymbol{c}_m$$

ここで、$f(\boldsymbol{b}_i) = \boldsymbol{c}_i$ であったことを用いると、

$$f(\boldsymbol{a}) = \nu_1 f(\boldsymbol{b}_1) + \cdots + \nu_m f(\boldsymbol{b}_m)$$

さらに、線形写像の性質を駆使して次のように変形できます。

$$f(\boldsymbol{a}) = f(\nu_1 \boldsymbol{b}_1 + \cdots + \nu_m \boldsymbol{b}_m)$$

両辺から右辺を引いて、同じく線形写像の性質を用いた変形をすると、

$$f(\boldsymbol{a} - (\nu_1 \boldsymbol{b}_1 + \cdots + \nu_m \boldsymbol{b}_m)) = f(\boldsymbol{o})$$

右辺が零ベクトルになりました。ということは、左辺の f のカッコの中にある要素は Ker$f$ に含まれます。したがって、Ker$f$ の基底を使った次式が成立します。

$$\boldsymbol{a} - (\nu_1 \boldsymbol{b}_1 + \cdots + \nu_m \boldsymbol{b}_m) = \mu_1 \boldsymbol{d}_1 + \cdots + \mu_r \boldsymbol{d}_r$$

適当に移項したら次の通り。

$$\boldsymbol{a} = \nu_1 \boldsymbol{b}_1 + \cdots + \nu_m \boldsymbol{b}_m + \mu_1 \boldsymbol{d}_1 + \cdots + \mu_r \boldsymbol{d}_r$$

よって、任意の $\boldsymbol{a}$ は、$\boldsymbol{b}_1, \cdots, \boldsymbol{b}_m, \boldsymbol{d}_1, \cdots, \boldsymbol{b}_r$ の任意の結合の形で表せる、つまりこれらの要素が V を生成することを示せました。

以上で、$\boldsymbol{b}_1, \cdots, \boldsymbol{b}_m, \boldsymbol{d}_1, \cdots, \boldsymbol{b}_r$ が V の基底であることが示せました。

m は Imf の基底の要素数（＝次元）で、r は Ker$f$ の基底の要素数（＝次元）です。V の基底の要素数（＝次元）は $m + r$ であり、当初の次元に関する等式の成立は明らかです。

同型と次元

2つの線形空間が同型であることと、両者の次元が一致することは同値です。

線形空間 V, W があり、V が有限次元であるとき、

$$V \cong W \Longleftrightarrow \dim V = \dim W$$

同型な2つの線形空間は、線形空間としてほぼ同じものでした。次元さえ一致するなら、各線形空間の具体的な形が**座標**だろうが**連立方程式の解**だろうが、両者を線形空間としてほぼ同じものとして捉えることができるというスゴい定理です。線形代数における理論の抽象性とその適用範囲の広さを垣間見ることができます。

証明は、右矢印（十分性）と左矢印（必要性）に分けて行います。

十分性（$\Longrightarrow$）の成立

f が V から W の上への同型写像ならば、同型写像は全射なので $\mathrm{Im} f = W$ であり、同型写像は単射でもあるので、$\mathrm{Ker} f = \boldsymbol{o}$ です。したがって、

$$\begin{aligned}
\dim(V) &= \dim(\mathrm{Im} f) + \dim(\mathrm{Ker} f) \\
&= \dim(W) + \dim(\boldsymbol{o}) \\
&= \dim(W)
\end{aligned}$$

必要性（$\Longleftarrow$）の成立

$\dim V = \dim W$ とします。そして、V の基底を $\boldsymbol{a}_1, \cdots, \boldsymbol{a}_n$、$W$ の基底を $\boldsymbol{c}_1, \cdots, \boldsymbol{c}_n$ とします。

V の任意の要素 $\boldsymbol{a}$ は、$\boldsymbol{a} = \lambda_1 \boldsymbol{a}_1 + \cdots + \lambda_n \boldsymbol{a}_n$ の形で一意に表すことができるので、一次結合の係数 $\lambda_1, ..., \lambda_n$ はそのままに、基底のみを $\boldsymbol{c}_1, \cdots, \boldsymbol{c}_n$ に置き替えた次の線形写像を定義できます。

$$f(\boldsymbol{a}) = \lambda_1 \boldsymbol{c}_1 + \cdots + \lambda_n \boldsymbol{c}_n$$

V の任意の2要素を、次のように定めます。

$$\begin{aligned}
\boldsymbol{a} &= \lambda_1 \boldsymbol{a}_1 + \cdots + \lambda_n \boldsymbol{a}_n \\
\boldsymbol{b} &= \mu_1 \boldsymbol{a}_1 + \cdots + \mu_n \boldsymbol{a}_n
\end{aligned}$$

これに対して、$f(\boldsymbol{a}) = f(\boldsymbol{b})$ が成り立つとき、次式が成立します。

$$\lambda_1 \boldsymbol{c}_1 + \cdots + \lambda_n \boldsymbol{c}_n = \mu_1 \boldsymbol{c}_1 + \cdots + \mu_n \boldsymbol{c}_n$$
$$(\lambda_1 - \mu_1)\boldsymbol{c}_1 + \cdots + (\lambda_n - \mu_n)\boldsymbol{c}_n = \boldsymbol{o}$$

$\boldsymbol{c}_1, \cdots, \boldsymbol{c}_n$ は W の基底なので一次独立です。したがって $\lambda_i - \mu_i = 0 (i = 1, \cdots, n)$ つまり、$\lambda_i = \mu_i$ が成立します。よって、$\boldsymbol{a} = \boldsymbol{b}$ となり**単射である**ことが分かります。

そして、W の任意の要素は $\lambda_1 \boldsymbol{c}_1 + \cdots + \lambda_n \boldsymbol{c}_n$ の形式で書けるので、これはつまり W の任意の要素は、ある V の要素 $\boldsymbol{a}$ の像 $f(\boldsymbol{a})$ であると言えます。よって、$\mathrm{Im} f = W$ であり、**全射である**ことが分かります。

以上から、この線形写像 f は全単射なので、同型写像と言えます。そうした写像を持つことから V は W に同型（$V \cong W$）です。

線形写像の階数

行列に対して階数が定義されていましたが、階数は線形写像に対しても定義されます。

線形写像の階数

V, W は有限次元の線形空間とする。線形写像 $f: V \to W$ に対して、**f の階数**を次の通り定義する。

$$\mathrm{rank} f := \dim(\mathrm{Im} f)$$

行列の階数は、行列を階段行列に変形した時の段数でした。線形写像という抽象的な存在に対して階数というものを定義されてもイメージできねぇよ！とお思いのあなたに朗報です。結局のところ、**線形写像の階数は、その表現行列の階数そのもの**なのです。線形写像と行列が繋がるなんて良くできてます。

V, W は有限次元の線形空間とする。線形写像 $f: V \to W$ の表現行列を A_f とすると、次式が成立する。

$$\mathrm{rank} f = \mathrm{rank} A_f$$

これは定義でなく、**定理**です。連立方程式の問題に帰着させることで、これを示せます。

V の次元を n とします。 $n = \dim(\mathrm{Im}f) + \dim(\mathrm{Ker}f)$ より、

$$\begin{aligned}\dim(\mathrm{Ker}f) &= n - \dim(\mathrm{Im}f)\\ &= n - \mathrm{rank}f\end{aligned}$$

よって、 $\mathrm{rank}f = \mathrm{rank}A_f$ を示すために、 $\mathrm{Ker}f$ の次元が、 $n - \mathrm{rank}A_f$ であることを示します。

V の基底を $\boldsymbol{a}_1, \cdots, \boldsymbol{a}_n$ とすると、任意の要素 $\boldsymbol{a}$ を次のように表せます。

$$\boldsymbol{a} = x_1\boldsymbol{a}_1 + \cdots + x_n\boldsymbol{a}_n$$

ここで、 $\boldsymbol{a}$ が $\mathrm{Ker}f$ の要素であるための条件は $f(\boldsymbol{a}) = \boldsymbol{o}$ の成立です。これを次々に変形します。 $\boldsymbol{b}_1, \cdots, \boldsymbol{b}_m$ は W の基底、 a_{ij} は A_f の成分です)。

$$\begin{aligned}f(x_1\boldsymbol{a}_1 + \cdots + x_n\boldsymbol{a}_n) &= \boldsymbol{o}\\ x_1 f(\boldsymbol{a}_1) + \cdots + x_n f(\boldsymbol{a}_n) &= \boldsymbol{o}\\ x_1 \sum_{i=1}^{m} a_{1i}\boldsymbol{b}_i + \cdots + x_n \sum_{i=1}^{m} a_{ni}\boldsymbol{b}_i &= \boldsymbol{o}\\ (\sum_{j=1}^{n} x_j a_{j1})\boldsymbol{b}_1 + \cdots + (\sum_{j=1}^{n} x_j a_{jm})\boldsymbol{b}_m &= \boldsymbol{o}\end{aligned}$$

$\boldsymbol{b}_1, \cdots, \boldsymbol{b}_m$ は一次独立なので、

$$\sum_{j=1}^{n} x_j a_{j1} = \cdots = \sum_{j=1}^{n} x_j a_{jm} = 0$$

これを展開すると次のようになります。

$$\begin{aligned}a_{11}x_1 + a_{12}x_2 + \cdots + a_{1n}x_n &= 0\\ a_{21}x_1 + a_{22}x_2 + \cdots + a_{2n}x_n &= 0\\ \cdots &= \cdots\\ a_{m1}x_1 + a_{m2}x_2 + \cdots + a_{mn}x_n &= 0\end{aligned}$$

ここで、 $\mathrm{Ker}f$ の要素 $\boldsymbol{a}$ と、列ベクトル $\boldsymbol{x} = {}^t[x_1, \cdots, x_n]$ を対応させると、 $\mathrm{Ker}f$ は、上の同次 1 次連立方程式 $A_f\boldsymbol{x} = \boldsymbol{o}$ の解空間（解の集合）と同型です。

解空間の次元は、 $n - \mathrm{rank}A$ です。同型なので、 $\mathrm{Ker}f$ の次元は解空間の次元と同じ $n - \mathrm{rank}A_f$ です。ゆえに、 $\mathrm{rank}f = \mathrm{rank}A_f$ です。

05

直交変換と対称変換

ここでは、ターゲットを計量線形空間（内積が定義されている線形空間）に絞って、内積を用いて定義される変換である、直交変換と対称変換を紹介します。両者は、正規直交基底と絡めると表現行列がそれぞれ直交行列、実対称行列であることが分かります。

まず、ここでは計量線形空間であることを前提とします。

直交変換

直交変換とは

変換前の 2 要素と、それを変換した後の 2 要素のそれぞれの内積が等しいとき、そんな変換を**直交変換**といいます。

定義 Definition **直交変換**

実数上の計量線形空間 V について、これに属する任意の要素を $\boldsymbol{a}, \boldsymbol{b}$ とする。V から V 自身への線形変換 f が次式を満たすとき、f を V の**直交変換**という。

$$(\boldsymbol{a}, \boldsymbol{b}) = (f(\boldsymbol{a}), f(\boldsymbol{b}))$$

直交変換は、変換前後でベクトルの長さを変えません。

$$|\boldsymbol{a}| = \sqrt{(\boldsymbol{a}, \boldsymbol{a})} = \sqrt{(f(\boldsymbol{a}), f(\boldsymbol{b}))} = |f(\boldsymbol{a})|$$

そして、これを用いると、直交変換は、変換前後でベクトルのなす角を変えないことも分かります。（次式は $\boldsymbol{a}, \boldsymbol{b}$ が共に零ベクトルでない前提です）

$$\cos\theta = \frac{(\boldsymbol{a}, \boldsymbol{b})}{|\boldsymbol{a}||\boldsymbol{b}|} = \frac{(f(\boldsymbol{a}), f(\boldsymbol{b}))}{|f(\boldsymbol{a})||f(\boldsymbol{b})|} = \cos\theta'$$

直交変換と正規直交基底

直交変換と、正規直交基底の間には次の性質があります。

線形変換 f について、次の 2 命題は同値である。

1　f が直交変換である。

2　正規直交基底の f による像は、正規直交基底である。

はじめに、f が直交変換ならば、正規直交基底 $\boldsymbol{e}_1, ..., \boldsymbol{e}_n$ について、$f(\boldsymbol{e}_1), ..., f(\boldsymbol{e}_n)$ が正規直交基底であることを示します。

前述した通り、直交変換は、変換前後で長さとなす角を変えないので、次式が成立して正規直交系であることが分かります。

$$(f(\boldsymbol{e}_i), f(\boldsymbol{e}_j)) = (\boldsymbol{e}_i, \boldsymbol{e}_j) = \delta_{ij} \begin{cases} 1 & (i = j) \\ 0 & (i \neq j) \end{cases}$$

そして、$f(\boldsymbol{e}_1), ..., f(\boldsymbol{e}_n)$ は一次独立です。

$c_1 f(\boldsymbol{e}_1) + ... + c_n f(\boldsymbol{e}_n) = \boldsymbol{o}$ とすると、各 $f(\boldsymbol{e}_i)$ $(i = 1, ..., n)$ について、

$$\begin{aligned} (f(\boldsymbol{e}_i), \boldsymbol{o}) &= 0 \\ (f(\boldsymbol{e}_i), c_1 f(\boldsymbol{e}_1) + ... + c_n f(\boldsymbol{e}_n)) &= 0 \\ c_i (f(\boldsymbol{e}_i), f(\boldsymbol{e}_i)) &= 0 \\ c_i \times 1 &= 0 \end{aligned}$$

が成り立つため、$c_1 = ... = c_n = 0$ だからです。

以上から、$f(\boldsymbol{e}_1), ..., f(\boldsymbol{e}_n)$ は n 個の一次独立な直交系なので、正規直交基底です。

次に、正規直交基底 $\boldsymbol{e}_1, ..., \boldsymbol{e}_n$ を別の正規直交基底 $\mathbf{e}'_1, ..., \mathbf{e}'_n$ に変換する線形変換 f が直交変換であることを示します。これは簡単です。

次のように正規直交基底を用いて任意のベクトルを定めます。

$$\begin{cases} \boldsymbol{a} = a_1\boldsymbol{e}_1 + ... + a_n\boldsymbol{e}_n \\ \boldsymbol{b} = b_1\boldsymbol{e}_1 + ... + b_n\boldsymbol{e}_n \end{cases}$$

このとき、

$$\begin{cases} f(\boldsymbol{a}) = f(a_1\boldsymbol{e}_1 + ... + a_n\boldsymbol{e}_n) = a_1 f(\boldsymbol{e}_1) + ... + a_n f(\boldsymbol{e}_n) = a_1\mathbf{e}'_1 + ... + a_n\mathbf{e}'_n \\ f(\boldsymbol{b}) = f(b_1\boldsymbol{e}_1 + ... + b_n\boldsymbol{e}_n) = b_1 f(\boldsymbol{e}_1) + ... + b_n f(\boldsymbol{e}_n) = b_1\mathbf{e}'_1 + ... + b_n\mathbf{e}'_n \end{cases}$$

より、

$$(\boldsymbol{a}, \boldsymbol{b}) = (a_1\boldsymbol{e}_1 + ... + a_n\boldsymbol{e}_n, b_1\boldsymbol{e}_1 + ... + b_n\boldsymbol{e}_n) = a_1b_1 + ... + a_nb_n$$
$$(f(\boldsymbol{a}), f(\boldsymbol{b})) = (a_1\mathbf{e}'_1 + ... + a_n\mathbf{e}'_n, b_1\mathbf{e}'_1 + ... + b_n\mathbf{e}'_n) = a_1b_1 + ... + a_nb_n$$

となって、$(\boldsymbol{a}, \boldsymbol{b}) = (f(\boldsymbol{a}), f(\boldsymbol{b}))$ が成り立ちます。

直交変換と直交行列

正規直交基底を直交変換する表現行列には、次の性質があります。

線形変換 f について、次の 2 命題は同値である。

1　f が直交変換である。

2　正規直交基底において f に対応する表現行列 A_f は、**直交行列**（$^tA_fA_f = E$）である。

$A_f = (a_{ij})$ とします。そして正規直交基底 $\boldsymbol{e}_1, ..., \boldsymbol{e}_n$ として、ある線形変換 f について、$\boldsymbol{e}'_i = f(\boldsymbol{e}_i)$ とします。

このとき、$\boldsymbol{e}'_i (i = 1...n)$ を次式のように書くことができます。

$$\boldsymbol{e}'_i = a_{1i}\boldsymbol{e}_1 + a_{2i}\boldsymbol{e}_2 + ... + a_{ni}\boldsymbol{e}_n = \sum_{k=1}^{n} a_{ki}\boldsymbol{e}_k$$

このとき、

$$\begin{aligned}(\boldsymbol{e}'_i, \boldsymbol{e}'_j) &= (\sum_{k=1}^{n} a_{ki}\boldsymbol{e}_k, \sum_{k=1}^{n} a_{kj}\boldsymbol{e}_k) \\ &= a_{1i}a_{1j} + a_{2i}a_{2j} + ... + a_{ni}a_{nj} \\ &= \sum_{k=1}^{n} a_{ki}a_{kj}\end{aligned}$$

これは、行列の積の定義と照らし合わせると、積 $^tA_fA_f$ の (i, j) 成分であることが分かります。

さて、もし f が直交変換ならば、$\boldsymbol{e}'_1, ...\boldsymbol{e}'_n$ は正規直交基底です。つまり、$(\boldsymbol{e}'_i, \boldsymbol{e}'_j) = \delta_{ij}$ なので、$^tA_fA_f$ は単位行列です（つまり A_f は直交行列）。

逆に、A_f が直交行列である、つまり $^tA_fA_f$ が単位行列であるとき、$(\boldsymbol{e}'_i, \boldsymbol{e}'_j) = \delta_{ij}$ が成り立つので、$\boldsymbol{e}'_1, ...\boldsymbol{e}'_n$ は正規直交基底です。正規直交基底を正規直交基底に変換するので、f は直交変換です。

対称変換

対称変換とは

言葉で説明すると難しいので、数式を用いた定義をさっさと紹介します。

対称変換

実数上の計量線形空間 V について、これに属する任意の要素を $\boldsymbol{a}, \boldsymbol{b}$ とする。V から V 自身への線形変換 f が次式を満たすとき、f を V の**対称変換**という。

$$(f(\boldsymbol{a}), \boldsymbol{b}) = (\boldsymbol{a}, f(\boldsymbol{b}))$$

対称変換もまた、正規直交基底と絡めると表現行列に規則があります。

対称変換と実対称行列

正規直交基底を対称変換する表現行列には、次の性質があります。

線形変換 f について、次の 2 命題は同値である。

1 f が対称変換である。

2 正規直交基底において f に対応する表現行列 A_f は、**実対称行列**（$A_f = {}^t A_f$）である。

$A_f = (a_{ij})$ とします。そして正規直交基底 $\boldsymbol{e}_1, ..., \boldsymbol{e}_n$ として、ある線形変換 f について、$\boldsymbol{e}'_i = f(\boldsymbol{e}_i)$ とします。

$$(f(\boldsymbol{e}_i), \boldsymbol{e}_j) = (\sum_{k=1}^{n} a_{ki}\boldsymbol{e}_k, \boldsymbol{e}_j) \quad = a_{ji}$$

$$(\boldsymbol{e}_i, f(\boldsymbol{e}_j)) = (\boldsymbol{e}_i, \sum_{k=1}^{n} a_{kj}\boldsymbol{e}_k) \quad = a_{ij}$$

ここで、もし f が対称変換ならば $a_{ij} = a_{ji}$ なので、A_f は実対称行列です。一方で、A_f が実対称行列、つまり $a_{ij} = a_{ji}$ が成り立つならば、$(f(\boldsymbol{e}_i), \boldsymbol{e}_j) = (\boldsymbol{e}_i, f(\boldsymbol{e}_j))$ なので、f は対称変換です。

線形写像編

06 線形変換の固有値と固有ベクトル

「線形変換には、固有値と固有ベクトルが定義されています。その定義は、行列の固有値と固有ベクトルの定義とは微妙に異なるものの、実際は上手く整合していることを、表現行列や成分表示を駆使して確かめます。」

固有値と固有ベクトルの定義

線形変換において、固有値と固有ベクトルは次のように定義されます。

固有値・固有ベクトル

線形空間 V 上の線形変換を f とする。

$$f(\boldsymbol{x}) = \lambda \boldsymbol{x}$$

が成り立つ λ と $\boldsymbol{x}(\neq \boldsymbol{o})$ が存在するとき、λ を f の**固有値**、$\boldsymbol{x}$ を f の λ に対する**固有ベクトル**という。

もともと私たちは行列の固有値と固有ベクトルの定義を習いました。同じような定義が並立しているわけですが、両者の間に整合性はあるのでしょうか。

行列の固有値との繋がり

線形変換における固有値の定義は、166 ページの「固有値と固有ベクトルって何？」で扱った、行列における固有値の定義とは少し異なります。

$$A\boldsymbol{x} = \lambda \boldsymbol{x}$$

しかし、線形写像における固有値の定義を、**表現行列**と**ベクトルの成分**を用いて書き表すと、行列における固有値の定義との繋がりが見えてきます。

線形変換 f の表現行列は、ある基底に応じて一意に存在します。ここでは線形空間 V のある基底 $\boldsymbol{a}_1, ..., \boldsymbol{a}_n$ における f の表現行列を A とします。任意のベクトル $\boldsymbol{x} = x_1\boldsymbol{a}_1 + ... + x_n\boldsymbol{a}_n$ について、$f(\boldsymbol{x})$ を次のように書くことができます。

$$f(\boldsymbol{x}) = A\boldsymbol{x} \qquad \text{ただし } \boldsymbol{x} = \begin{pmatrix} x_1 \\ \vdots \\ x_n \end{pmatrix}$$

ここで、f の固有ベクトルを λ 、それに対する固有ベクトルを $\boldsymbol{x}$ とすると、次式が成り立ちます。

$$A\boldsymbol{x} = \lambda\boldsymbol{x}$$

行列における固有値・固有ベクトルの定義と照らし合わせると、λ と $\boldsymbol{x}$ が f の固有値・固有ベクトルであるだけでなく、行列 A の固有値・固有ベクトルでもあることが分かります。

こうして見ると、ある基底における線形変換の表現行列とベクトルの成分表記を用いることによって、線形変換の固有値・固有ベクトルの定義式を行列の固有値・固有ベクトルの定義式の形に落としこむことができそうです。

しかし、表現行列もベクトルの成分表記も、どの基底を用いるかによって値がコロコロ変わります。基底の選び方によって、導出される固有値・固有ベクトルに違いが生じないのか気になるところです。

基底を変えたときの固有値

結論から先に言うと、**基底をコロコロ変えても、同じ線形変換の表現行列ならば固有値・固有ベクトルは変わりません。**

先ほどと同じ条件で、今度は基底 $\boldsymbol{a}_1, ..., \boldsymbol{a}_n$ をある正則行列 $P = (p_{ij})$ で変換した基底 $\boldsymbol{a}'_1, ..., \boldsymbol{a}'_n$ を新しく用意します。

$$\begin{pmatrix} \boldsymbol{a}'_1 & \dots & \boldsymbol{a}'_n \end{pmatrix} = \begin{pmatrix} \boldsymbol{a}_1 & \dots & \boldsymbol{a}_n \end{pmatrix} P$$

このとき、$\boldsymbol{x}$ の $\boldsymbol{a}'_1, ..., \boldsymbol{a}'_n$ における成分表記は次のように表せます。

$$\boldsymbol{x}' = P^{-1}\boldsymbol{x} = P^{-1} \begin{pmatrix} x_1 \\ \vdots \\ x_n \end{pmatrix}$$

さて、207 ページの「線形写像と表現行列」より、f の $\boldsymbol{a}'_1, ..., \boldsymbol{a}'_n$ に関する表現行列は $P^{-1}AP$ です。これを用いると、基底 $\boldsymbol{a}'_1, ..., \boldsymbol{a}'_n$ において $f(\boldsymbol{x}')$ を

次式のように書けます。

$$f(\boldsymbol{x}') = P^{-1}AP\boldsymbol{x}'$$

f の固有ベクトルを λ 、それに対する固有ベクトルを $\boldsymbol{x}'$ とすると、次式が成り立ちます。

$$P^{-1}AP\boldsymbol{x}' = \lambda\boldsymbol{x}'$$

実は、 A と $P^{-1}AP$ は**同値な行列**といい、固有多項式が同一です。これは次式から明らかです。

$$\begin{aligned} |P^{-1}AP - tE| &= |P^{-1}AP - tP^{-1}P| \quad = |P^{-1}(A - tE)P| \\ &= |P^{-1}||A - tE||P| \quad = |P|^{-1}|A - tE||P| \\ &= |A - tE| \end{aligned}$$

A と $P^{-1}AP$ は固有多項式が同一なので、固有値も同一です。よって、どの基底を選んだとしても、固有値は変わりません。

行列の固有値問題と三角化／対角化の意味

以上から、線形変換の固有値を求めることは、線形変換の表現行列の固有値を求めることであること、また、行列の固有値を求めることは、それを表現行列とする線形変換の固有値を求めることであることが言えます。

対角化や三角化はともに、 $P^{-1}AP$ が対角行列／三角行列となるような正則行列 P を選ぶことでした。これはつまり、**線形変換の表現行列が簡単になる（対角行列／三角行列になる）ような基底を探すこと（基底の変換行列 P を探すこと）**を意味します。

こうして、線形変換の抽象的な理論が、行列の固有値や三角化／対角化に関する議論と上手く整合していることが分かりました。

QUESTION

[章末問題]

Q1 次の写像 $f:\mathbb{R}\to\mathbb{R}$ は、線形写像かどうか答えよ。

① $f(x)=5$

② $f(x)=2x$

③ $f(x)=-x+3$

④ $f(x)=x^2$

Q2 2次の実数ベクトル集合 $\mathbb{R}^2$ の部分空間 W を次のように定義する。

$$W=\left\{\begin{pmatrix}x\\y\end{pmatrix}\middle|\ 3x-y=0\right\}$$

このとき、W と実数空間 $\mathbb{R}$ が同型であることを示せ。

Q3 次に定める線形写像 $f:\mathbb{R}^3\to\mathbb{R}^2$ の核 $\mathrm{Ker}f\subset\mathbb{R}^3$ の次元を求めよ。

$$f(\begin{pmatrix}x\\y\\z\end{pmatrix})=\begin{pmatrix}1&2&4\\2&1&2\end{pmatrix}\begin{pmatrix}x\\y\\z\end{pmatrix}$$

Q4 次の線形変換 $f:\mathbb{R}^2\to\mathbb{R}^2$ が直交変換であるような m の値を全て求めよ。

$$f(\begin{pmatrix}x\\y\end{pmatrix})=\begin{pmatrix}\frac{1}{2}x-my\\mx+\frac{1}{2}y\end{pmatrix}$$

ANSWER

［解答解説］

Q1 次の写像 $f:\mathbb{R}\to\mathbb{R}$ は、線形写像かどうか答えよ。

任意のスカラー λ と μ で、$f(\lambda x_1+\mu x_2)=\lambda f(x_1)+\mu f(x_2)$ が成り立つかどうか調べます。

①
$$\begin{aligned} f(\lambda x_1+\mu x_2) &= 5 \\ \lambda f(x_1)+\mu f(x_2) &= \lambda\times 5+\mu\times 5 \\ &= 5(\lambda+\mu) \end{aligned}$$

一致しない λ, μ の組あり
➡ 線形写像でない

②
$$\begin{aligned} f(\lambda x_1+\mu x_2) &= 2(\lambda x_1+\mu x_2) \\ \lambda f(x_1)+\mu f(x_2) &= \lambda\times 2x_1+\mu\times 2x_2 \\ &= 2(\lambda x_1+\mu x_2) \end{aligned}$$

任意の λ, μ で一致
➡ 線形写像である

③
$$\begin{aligned} f(\lambda x_1+\mu x_2) &= -(\lambda x_1+\mu x_2)+3 \\ \lambda f(x_1)+\mu f(x_2) &= \lambda(-x_1+3)+\mu(-x_2+3) \\ &= -(\lambda x_1+\mu x_2)+3(\lambda+\mu) \end{aligned}$$

一致しない λ, μ の組あり
➡ 線形写像でない

④
$$\begin{aligned} f(\lambda x_1+\mu x_2) &= (\lambda x_1+\mu x_2)^2 \\ &= \lambda^2x_1^2+\mu^2x_2^2+2\lambda\mu x_1x_2 \\ \lambda f(x_1)+\mu f(x_2) &= \lambda x_1^2+\mu x_2^2 \end{aligned}$$

一致しない λ, μ の組あり
➡ 線形写像でない

Q2 W と実数空間 $\mathbb{R}$ が同型であることを示せ。

例えば、次の線形写像 $f:\mathbb{R}\to\mathbb{R}^2$ が同型写像、つまり全単射であることを、全射性と単射性の2つに分けて示します。

$$f(x)=\begin{pmatrix}1\\3\end{pmatrix}x$$

全射であること

W の任意の要素は、$\begin{pmatrix}1\\3\end{pmatrix}x$ の形に書けます。これは $f(x)$ と等しいので、

W の任意の要素は、$f(x)$ の中の何らかの要素でもあります。よって全射です。

単射であること

$f(x)=f(x')$ ならば $x=x'$ であることを示します。

$f(x)=f(x')$ は $\begin{pmatrix}1\\3\end{pmatrix}x=\begin{pmatrix}1\\3\end{pmatrix}x'$ なので、$x=x'$ です。よって単射です。

これらから、線形写像 f が全単射であること、つまり同型写像であることが示されました。

Q3 次に定める線形写像 $f:\mathbb{R}^3\to\mathbb{R}^2$ の核 $\mathrm{Ker}f\subset\mathbb{R}^3$ の次元を求めよ。

核の定義より、$\begin{pmatrix}1&2&4\\2&1&2\end{pmatrix}\begin{pmatrix}x\\y\\z\end{pmatrix}=\begin{pmatrix}0\\0\end{pmatrix}$ を満たす $\begin{pmatrix}x\\y\\z\end{pmatrix}$ の集合を求めましょう。

式を展開・変形すると $\begin{cases}x=0\\y+2z=0\end{cases}$ で、これを解くと、$\begin{pmatrix}x\\y\\z\end{pmatrix}=\lambda\begin{pmatrix}0\\2\\-1\end{pmatrix}$

よって、1つのベクトルのスカラー倍で解の集合を網羅できるので、次元は1。

Q4 次の線形変換 $f:\mathbb{R}^2\to\mathbb{R}^2$ が直交変換であるような m の値を全て求めよ。

$\boldsymbol{v}_1=\begin{pmatrix}x_1\\y_1\end{pmatrix},\boldsymbol{v}_2=\begin{pmatrix}x_2\\y_2\end{pmatrix}$ として、$(f(\boldsymbol{v}_1),f(\boldsymbol{v}_2))=(\boldsymbol{v}_1,\boldsymbol{v}_2)$ を満たす m を探します。

$$\begin{aligned}(f(\boldsymbol{v}_1),f(\boldsymbol{v}_2))&=(\begin{pmatrix}\frac{1}{2}x_1-my_1\\mx_1+\frac{1}{2}y_1\end{pmatrix},\begin{pmatrix}\frac{1}{2}x_2-my_2\\mx_2+\frac{1}{2}y_2\end{pmatrix})\\&=(\frac{1}{2}x_1-my_1)(\frac{1}{2}x_2-my_2)+(mx_1+\frac{1}{2}y_1)(mx_2+\frac{1}{2}y_2)\\&=(m^2+\frac{1}{4})(x_1x_2+y_1y_2)\\&=(m^2+\frac{1}{4})(\boldsymbol{v}_1,\boldsymbol{v}_2)\end{aligned}$$

$(f(\boldsymbol{v}_1),f(\boldsymbol{v}_2))=(\boldsymbol{v}_1,\boldsymbol{v}_2)$ のとき、$m^2+\frac{1}{4}=1$ が成立。よって、$m=\pm\frac{\sqrt{3}}{2}$

INDEX

[索引]

あ行

か行

さ行

た行

な行

は行

ま行

や行

ら行

わ行

あとがき

21世紀になって久しい現代。この世の多くのものが、ユーザの目線に立った見やすく分かりやすいデザインに進化しているのに、大学数学の教材はまだまだ初学者にとって見にくく分かりにくいものばかり。そんな現状に課題を見出したのが、本書のもとになったWebサイトを作るキッカケでした。大学の教科書はその分野の学者が執筆するので、品位や厳密性に欠けるものは書けないけれど、何の肩書きもない一人の学生が解説記事を書けば、初学者の目線に立って分かりやすさに特化した"強気"な説明ができる。こう考えて執筆したサイトが結果として多くの人に支持されたので、本書もその姿勢を貫きました。

書籍は、Webサイトにない物理的な制約が多く、また数式の組版に手数がかかります。「見やすく分かりやすい」という私の理想を叶える入門書の作成にあたってこれらが困難として立ちはだかり、執筆と組版には紆余曲折がありました。それでもなんとか形にすることができて胸をなでおろしています。

本書の刊行のきっかけをいただき、原稿が思うように進まない中も常に手厚くサポートしてくださったプレアデス出版の麻畑さま、本書の充実と正確に資する貴重なご意見・ご指摘をいただいた「おぐえもん.com」の利用者の皆さま、本書のコンセプトやデザインに率直な意見をいただいた周囲の方々に心から感謝を申し上げます。

この本を手に取り、お読みいただいた皆さまに少しでもお役に立てたならこの上なく幸いです。最後までお読みいただき誠にありがとうございました！

小倉 且也

参考文献・資料

『線形代数　増訂版』（寺田文行著　サイエンス社）
『大学教養　線形代数』（加藤文元著　数研出版）
『予備校のノリで学ぶ線形代数』（ヨビノリたくみ著　東京図書）

線型代数学 - Wikipedia（2021年５月４日閲覧）… 2ページの引用
https://ja.wikipedia.org/wiki/線型代数学

著者プロフィール

小倉　且也 | OGURA KATSUYA

大阪大学基礎工学部を三年次で退学し、同大学院情報科学研究科へ飛び入学。博士前期課程修了。修士（情報科学）。大学在学中に開設したウェブサイト「おぐえもん.com」のコンテンツ「大学1年生もバッチリ分かる線形代数入門」は、初学者の目線に立った解説と、見やすいデザインが好評を博し、のべ380万以上のアクセスを誇る。

https://oguemon.com

大学１年生もバッチリ分かる **線形代数入門**

2021年7月1日　第１版第１刷発行

著　　者………小倉　且也
発 行 者………麻畑　　仁
発 行 所………㈲プレアデス出版
〒399-8301 長野県安曇野市穂高有明7345-187
電話 0263-31-5023　FAX 0263-31-5024
http://www.pleiades-publishing.co.jp
イラスト・装画…小倉　且也
組版・装丁 ……小倉　且也
印 刷 所………亜細亜印刷株式会社
製 本 所………株式会社渋谷文泉閣

落丁・乱丁本はお取り替えいたします。
定価はカバーに表示してあります。
ISBN978-4-903814-14-8　C3041
Printed in Japan